チャ太郎ドリル
夏休み編

ステップアップノート

小学2年生

もくじ

算数

国語

国語《こくご》は　いちばん　後《うし》ろの
ページから　はじまるよ!

1　たし算《ざん》の　ひっ算《さん》①

こたえ 8ページ

あれ？また　ひっ算《さん》を　するの？

```
   4 8
+  7 1
------
   ？
```

１がっきに　やったのと　何《なに》が
ちがうのですか？

こんどは　百《ひゃく》のくらいに　くり上がる　たし算《ざん》だぞ。
一のくらいから　じゅんに　計算《けいさん》して　いくのだ。

よし！チャレンジだー！

1　４８＋７１の　ひっ算《さん》を　します。
□に　あてはまる　数《かず》を　書《か》きましょう。

```
   4 8
+  7 1
------

```

↓

```
   4 8
+  7 1
------
     9
```

①　一のくらいの　計算《けいさん》は，

８＋１＝□

②　十のくらいの　計算《けいさん》は，

４＋７＝□

百のくらいに　１　くり上げる。

③　４８＋７１＝□

2 たし算《ざん》の　ひっ算《さん》②

こたえ 8ページ

こんどは　2回《かい》も
くり上がりが　あるよ。

$$\begin{array}{r} 35 \\ +89 \\ \hline ? \end{array}$$

え～。できるかなぁ……。

くり上げた　数《かず》を　わすれないように　たすのだぞ。

1つずつ　計算《けいさん》すれば
できそう！がんばって　みる！

1　35＋89の　ひっ算《さん》を　します。
□に　あてはまる　数《かず》を　書《か》きましょう。

$$\begin{array}{r} 35 \\ +\ 89 \\ \hline \end{array}$$

↓

$$\begin{array}{r} 3^{1}5 \\ +\ 89 \\ \hline 4 \end{array}$$

① 一のくらいの　計算《けいさん》は，

5＋9＝□

十のくらいに　1　くり上げる。

② 十のくらいの　計算《けいさん》は，

1＋3＋8＝□

百のくらいに　1　くり上げる。

③ 35＋89＝□

3 ひき算《ざん》の　ひっ算《さん》①

こたえ 8ページ

こんどは　ひき算《ざん》だね！

	1	36
−		53
		？

3けたの　計算《けいさん》だ……。
むずかしそう……。

3けたに　なっても　2けたの　ときと
計算《けいさん》の　しかたは　おなじなのだ。

一のくらいから　じゅんに
計算《けいさん》するんだね！できそう！

1　136−53の　ひっ算《さん》を　します。
□に　あてはまる　数《かず》を　書《か》きましょう。

	百	十	一
	1	3	6
−		5	3

↓

	百	十	一
	1	3	6
−		5	3
			3

① 一のくらいの　計算《けいさん》は，

6−3＝□

② 十のくらいの　計算《けいさん》は，
百のくらいから　1　くり下げて，

13−5＝□

③ 136−53＝□

4 ひき算の ひっ算②

こたえ 8 ページ

これも 一のくらいから 計算するんだね。
……でも，4から 7は ひけないよ！

$$\begin{array}{r} 124 \\ -87 \\ \hline ? \end{array}$$

そんな ときに やるべき ことを
思い出すのだ！

十のくらいから くり下げるんだね！

十のくらいの 計算の ときは
百のくらいから くり下げるのだ。

算数

1 124−87の ひっ算を します。
　 □に あてはまる 数を 書きましょう。

$$\begin{array}{r} 1\,2\,\boxed{4} \\ -8\,\boxed{7} \\ \hline \end{array}$$

$$\begin{array}{r} 1\,\cancel{2}\,^1\!4 \\ -8\,7 \\ \hline 7 \end{array}$$

① 一のくらいの 計算は，
　 十のくらいから 1 くり下げて，

　 14−7＝ □

② 十のくらいの 計算は，
　 百のくらいから 1 くり下げて，

　 11−8＝ □

③ 124−87＝ □

5　ひき算《ざん》の　ひっ算《さん》③

こたえ 8ページ

一のくらいが　ひけない　ときは
十のくらいから　くり下げれば
いいんだね。

```
  104
-  86
  ?
```

でも……十のくらいが
0の　ときは　どうすれば　いいのー！？

十のくらいからも　ひけない　ときは
百のくらいから　くり下げるのだ。

1　104−86の　ひっ算《さん》を　します。
□に　あてはまる　数《かず》を　書《か》きましょう。

```
    10
  1 0 4
-   8 6
```

↓

```
    10 9
  1 0  4
-   8  6
       8
```

① 一のくらいの　計算《けいさん》は，
百のくらいから　1　くり下げて，
十のくらいを　□　に　する。
十のくらいから　1　くり下げて，
□−6＝□

② 十のくらいの　計算《けいさん》は，
9−8＝□

③ 104−86＝□

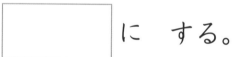

□月□日

6　3つの　数《かず》の　計算《けいさん》

こたえ 8ページ

4＋5＝9，5＋4＝9……
どっちも　おなじ　答《こた》えだね。

3つの　数《かず》の　たし算《ざん》でも　じゅんばんを
かえても　いいの？

いいのだ！じゅんばんを　かえると
計算《けいさん》しやすく　なる　ときが　あるのだぞ。

じゅんばんを　かえて
くふうして　計算《けいさん》して　みよう！

算数

1　くふうして　計算《けいさん》しましょう。

① 26＋17＋4＝□

①は，26＋4＋17に
して　26＋4を　先《さき》に
計算《けいさん》して　みるのだ！

② 9＋13＋31＝□

2　計算《けいさん》を　しましょう。

（　）の　中を　先《さき》に
計算《けいさん》するよ。

38＋(6＋24)＝□

1 たし算の　ひっ算① 2ページ

1 ① 9 ② 11 ③ 119

かんがえかた

1 筆算では，位を縦にそろえて書き，一の位から順に計算していきます。十の位で繰り上がりがあるので，百の位に繰り上げた1を書きます。

2 たし算の　ひっ算② 3ページ

1 ① 14 ② 12 ③ 124

かんがえかた

1 繰り上がりが2回ある問題です。まず，一の位を計算し，十の位に1繰り上げます。繰り上げた1を忘れないように，十の位の上に書いてもよいでしょう。一の位から繰り上げた1と十の位を計算し，百の位に1繰り上げます。

3 ひき算の　ひっ算① 4ページ

1 ① 3 ② 8 ③ 83

かんがえかた

1 位を縦にそろえて書き，一の位から順に計算していきます。十の位の計算で，3から5はひけないので，百の位から1繰り下げます。繰り下げたことを忘れないように，百の位の1を＼で消してもよいでしょう。

4 ひき算の　ひっ算② 5ページ

1 ① 7 ② 3 ③ 37

かんがえかた

1 繰り下がりが2回ある問題です。一の位の計算で，十の位から1繰り下げます。このとき，十の位の2を＼で消して，1と書いておくとミスを防げます。十の位の計算でも同様に，百の位から1繰り下げます。百の位の1を＼で消してもよいでしょう。

5 ひき算の　ひっ算③ 6ページ

1 ① 10，14，8 ② 1
③ 18

かんがえかた

1 一の位の計算で，百の位から順に繰り下げてくる問題です。まず，十の位を10にしてから，一の位へ1繰り下げます。わかりにくいときは，もとの数字を＼で消して，新しい数字を書くようにしましょう。

6 3つの　数の　計算 7ページ

1 ① 47 ② 53
2 68

かんがえかた

1 たし算では，順序をかえると，計算が簡単になることもあります。②では，9＋31を先に計算するとよいでしょう。

2 (　)はひとまとまりの数を表し，先に計算をします。

4 しを　読む　12ページ

1

① 小さな

② みんなと

かんがえかた

1 ①前半に「たんたん　とんとん／小さな　音が　なる」とあるので、ここから「小さな」を答えましょう。

②どのようにあしぶみをしたのかを確認し、前半と後半のちがいをおさえましょう。

5 せつめい文を　読む　11ページ

1

① きけん

② めじるし

かんがえかた

1 ①「そんな　ばしょを　わたるために」とあるので、「そんな」が指し示す部分をおさえましょう。

②第三段落で、おうだんほどうが「歩く　人が　通る　ところだと　いう　めじるし」であると述べられています。

国語

1 二年生の　かん字　15ページ

1

（省略）

かんがえかた

1 それぞれの漢字が、どのような仲間であるのかを考えながら覚えていきましょう。また、画数をしっかり覚え、書き順に気をつけて練習することが大切です。

2 なかまの　ことば　14ページ

1

① コーヒー
② みず
③ はさみ
④ あか

かんがえかた

1 それぞれ、どのような仲間の言葉なのかを考えましょう。たとえば、①の「コーヒー」は飲み物の仲間で、「ねずみ」や「うさぎ」といったどうぶつとはちがう仲間の言葉です。「コーヒー」以外の飲み物の仲間の言葉も確認しましょう。

3 お話を　読む　13ページ

1

① 大きな
② おこった

かんがえかた

1 ①「大きな　声で」、「ぼく　ピアニストに　なりたい」と言ったことをつかみましょう。

②「お母さんは　おこった　顔で」とあります。この様子から、お母さんの気持ちを読み取ることができます。

国語《こくご》

夏休《なつやす》みだー！ べんきょう、がんばるぞ！
ギュッ！
バリバリ
よーし！
チャ太郎《たろう》、がんばってるなぁ。
チャ太郎《たろう》！ 楽《たの》しく べんきょう できるように てつだって あげるよー。
ほんと？ ありがとう！
歌《うた》って、楽《たの》しい 気分《きぶん》に なるよね～。
ラ～ラ～ララ～
うるさくて しゅうちゅう できないよ……。
しずかな ところで べんきょうすると いいぞ。

国語

1 二年生の かん字①

点

月　日

こたえ べっさつ11ページ

1 —の かん字を ひらがなで 書《か》きましょう。 一つ10点《てん》（40点）

大きな 汽車に のる。 （　　　）

じょうだんを 言う。 （　　　）

えんぴつの 数を （　　　）

まちがえずに 数える。 （　　　）

同《おな》じ かん字でも ちがう 読《よ》み方《かた》を する ことが あるんだね！

2 □に あてはまる かん字を 書《か》きましょう。 一つ20点（60点）

□《ゆき》が たくさん つもる。

□《みなみ》に 歩《ある》く。

□□《きいろ》い 花が たくさん さいた。

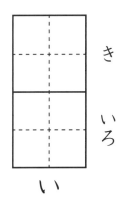

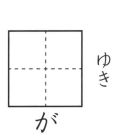

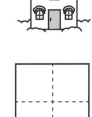

2 日記《にっき》を 読《よ》む

点

月　日

こたえ べっさつ11ページ

1 つぎの 文しょうを 読《よ》んで 答《こた》えましょう。 一つ50点《てん》(100点)

ぼくは きのう ともだちと あそびました。けんいちくんと 公園《こうえん》に 行《い》くと、ようすけくんと あきらくんが いました。ぼくたちは 四人で できる あそびを 考《かんが》えました。けんいちくんが おにごっこが したいと 言《い》い、みんなも それに さんせいしました。
それから ぼくたちは、日が くれるまで 楽《たの》しく あそびました。

① ぼくは みんなと どのような あそびを しましたか。

② ぼくは いつごろまで みんなと あそびましたか。

日が 　　　　 まで。

国語

3 お話《はなし》を 読《よ》む①

点

月　日

こたえ べっさつ11ページ

国語

1 つぎの 文しょうを 読《よ》んで 答《こた》えましょう。 一つ50点《てん》（100点）

ありさんは 言《い》いました。

「こんなに 大きな にもつは もてないよ。」

こまって いると ありさんと なかの よい ねずみさんが やって きました。

「ぼくが はこんで あげる。」

ねずみさんは、ありさんの かわりに にもつを くわえて はこびました。

ありさんは、ねずみさんの おかげで にもつを はこぶ ことが できました。

① ありさんは だれに 会《あ》いましたか。

② ありさんは なぜ こまって いましたか。

が 大きくて もてなかったから。

4 二年生の かん字②

□月□日

点

こたえ べっさつ11ページ

1 ―の かん字を ひらがなで 書《か》きましょう。 一つ10点《てん》(40点)

今（　　）すぐに 車で 会社（　　）に むかう。

となりの お店（　　）が とても 広（　　）く なった。

2 □に あてはまる かん字を 書《か》きましょう。 一つ20点(60点)

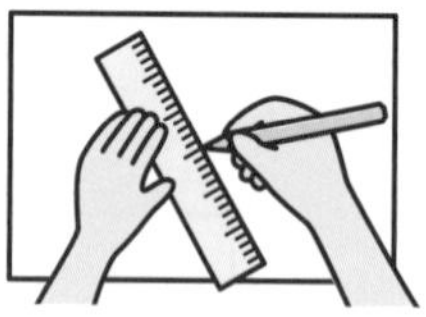

紙《かみ》に 一本の □《せん》を ひく。

□《あね》は いつでも □《いもうと》に やさしい。

国語

5 きろく文を 読《よ》む①

月　日

点

こたえ べっさつ10ページ

1 つぎの 文しょうを 読《よ》んで 答《こた》えましょう。 一つ50点《てん》（100点）

あさがおは まだ 花を さかせないまま、つるだけ ぐんぐんと のびて います。この 間《あいだ》 つるを はかった ときと くらべたら、十センチほど のびて いました。でも、はっぱの 元気《げんき》が ないように 見えたので、水を 多《おお》めに あげるように しました。

数日後《すうじつご》に、ピンク色《いろ》の 花が さきました。はっぱも つやつやと して、前《まえ》よりも 元気そうでした。

① この 間《あいだ》 はかった ときと くらべて、つるは どの くらい のびて いましたか。

＿＿＿＿ くらい。

② 水を 多《おお》めに あげた あと、あさがおは どう なりましたか。

＿＿＿＿ の 花が さいた。

あさがおの ようすは どうだったかな？

6 お話《はなし》を 読《よ》む②

点

月　日

こたえ べっさつ10ページ

1 つぎの 文しょうを 読《よ》んで 答《こた》えましょう。 一つ50点《てん》（100点）

まなぶは、星《ほし》が またたく 夜空《よぞら》に むかって 言《い》いました。

「ぼくたちは ずっと 友《とも》だちだよ。」

まなぶは ぼくの ほうを 見ませんでした。でも、ぼくには まなぶの 気もちが いたいほど わかったのです。だって、まなぶの ほほには なみだが 光《ひか》って いたのですから。

その なみだは、なにものにも かえがたい ちかいにも 思《おも》えたのです。

① この お話《はなし》に 出て くる 人は 何人《なんにん》ですか。かん字の 数字《すうじ》で 書《か》きましょう。

［　　］人

② まなぶの なみだを 見た ぼくは、何《なに》が どう わかったのですか。

ずっと 友《とも》だちだと いう 気もちが ［　　　　］ ほど わかった。

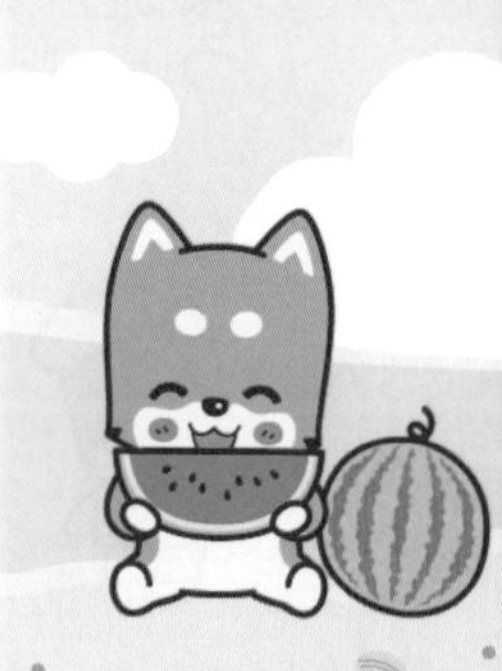

7 二年生の かん字③

国語

月　日

点

こたえ べっさつ10ページ

1 ―の かん字を ひらがなで 書《か》きましょう。 一つ10点《てん》（40点）

雲（　　）が 空に うかんで いる。

そんな ことは 知（　　）らない。

丸（　　）い おだんごを つくる。

二つの チームに 分（　　）かれる。

2 □に あてはまる かん字を 書《か》きましょう。 一つ20点（60点）

□《なつ》は まいにち あつい。

□《とり》が 空を とぶ。

□□《こうえん》で あそぼう。

書《か》きじゅんも 正しく おぼえよう！

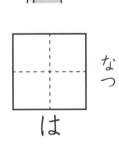

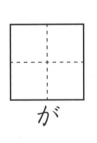

8 せいかつ文を 読《よ》む

月　日

点

こたえ べっさつ10ページ

1 つぎの 文しょうを 読《よ》んで 答《こた》えましょう。 一つ50点《てん》(100点)、①完答《かんとう》

きのうの 図工《ずこう》の 時間《じかん》は、友《とも》だちの 絵《え》を かきました。わたしは さとうさんの 絵を かいたのですが、先生が わたしの 絵を ほめて くれました。

わたしは お絵かきが すきなので、ほめて もらえて、とても うれしかったです。

ほめて もらえると、もっと 絵が 上手《じょうず》に なりたいと いう 気もちに なります。

① 絵《え》を かいたのは いつの 話《はなし》ですか。

□□□□ の □□□□ の 時間《じかん》。

② わたしは 絵《え》を ほめて もらって どう 思《おも》いましたか。

今《いま》よりも 絵《え》が □□ に なりたいと 思《おも》った。

国語

1 つぎの しを 読《よ》んで 答《こた》えましょう。 一つ50点《てん》（100点）

いちばんぼし　　まど・みちお

いちばんぼしが　でた
うちゅうの
目のようだ

ああ
うちゅうが
ぼくを　みて　いる

① 「いちばんぼし」を ほかの ことばで 何《なに》に いいかえて いますか。

② 「いちばんぼし」を 見た ぼくは どう 思《おも》って いますか。

[　　　　]が ぼくを みて いるのだと 思《おも》った。

国語

10 せつめい文を 読《よ》む①

点

月　日

こたえ べっさつ9ページ

1 つぎの 文しょうを 読《よ》んで 答《こた》えましょう。 一つ50点《てん》(100点)

みなさんは、友《とも》だちと 話《はなし》を する ときは、どのように 話《はな》して いますか。友だちの 話を しっかり 聞《き》く ことが できて いますか。

あい手の 話を しっかり 聞く ことが できる 人は、「聞き上手《じょうず》」と 言《い》われます。

自分《じぶん》の 考《かんが》えや 思《おも》いを 話す ことも 大切《たいせつ》ですが、あい手の 話を しっかり 聞く ことで 会話《かいわ》は なりたって いくのです。

① この 文しょうは 何《なに》に ついて 書《か》かれて いますか。

「　　　　　　」に なる ことに ついて。

② 友《とも》だちと 話《はなし》を する ときは、何《なに》が 大切《たいせつ》なのですか。

自分《じぶん》の ことを 話《はな》す ことも 大切《たいせつ》だが、友《とも》だちの 話《はなし》を しっかり 　　　　 が 大切《たいせつ》だ。

おもいだしてみよう

つぎの　かん字を
書《か》きましょう。

青い□《うみ》

□《おも》い□《で》

□《きょう》□《しつ》

□《きん》□《よう》□《び》

答《こた》え　海・思（い）出・教室・金曜日

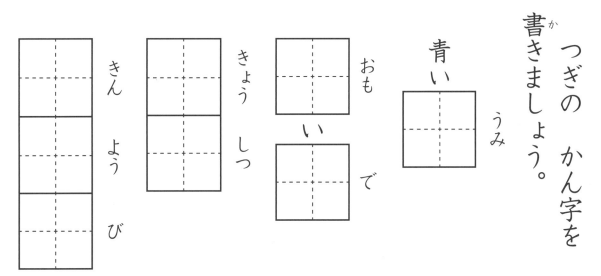

きろく文を 読《よ》む②

点

月　日

こたえ べっさつ9ページ

1 つぎの 文しょうを 読《よ》んで 答《こた》えましょう。 一つ50点《てん》（100点）

校ていで ダンゴムシを 見つけたので、そのまま ようすを かんさつしました。ダンゴムシは、土の 上をゆっくりと 歩《ある》いて いました。そして、コンクリートの 上にのった ところで、いきをかけて みました。すると、ダンゴムシは くるくると 丸《まる》まってしまいました。

さわらずに しばらく ようすを見て いると、ダンゴムシは 体《からだ》をのばして 歩き はじめました。

(1) どこで ダンゴムシの かんさつを したのですか。

(2) ダンゴムシに いきを かけると、どう なりましたか。

（　　　　）しまった。

国語

点

月　日

こたえ べっさつ9ページ

国語

1 つぎの 文しょうを 読《よ》んで 答《こた》えましょう。 一つ50点《てん》（100点）

なみちゃんは 先生に おこられた。しゅくだいを わすれたから。でも、わたしは 知《し》って いる。なみちゃんの おばあちゃんの ぐあいが わるいって こと。今《いま》、なみちゃんの 家《いえ》は たいへんだ。

「なみちゃん……。」

わたしは、そっと 名前《なまえ》を よんだ。

先生に 言《い》えば いいのに、なみちゃんは 言わない。それが、なんだか なみちゃんの つよさにも 思《おも》えた。

(1) なみちゃんは なぜ 先生に おこられて いたのですか。

□□□□□□□を わすれたから。

(2) なみちゃんの 家《いえ》は 今《いま》 なぜ たいへんなのですか。

□□□□□□□□の ぐあいが わるいから。

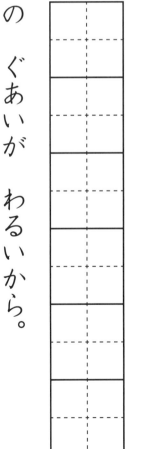

13 しを 読《よ》む ②

点

月 日

こたえ べっさつ8ページ

1 つぎの しを 読《よ》んで 答《こた》えましょう。 一つ50点《てん》(100点)

山の上

ぜいぜいと
のぼりきった その先に
大きな 大きな
よろこびが 広《ひろ》がる

ぜいぜいと
のぼりきった その先に
小さな 小さな
わたしを 見つける

① わたしは どこに いるのですか。

② わたしは、自分《じぶん》の 小ささと ともに、どのような 気もちを かんじて いますか。

大きな ＿＿＿＿ を かんじて いる。

どのような ことを 思《おも》って いるのか 読《よ》みとろう！

国語

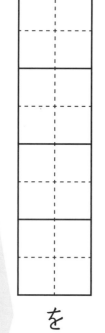

14 せつめい文を 読《よ》む ②

点

国語

月　日

こたえ べっさつ8ページ

1 つぎの 文しょうを 読《よ》んで 答《こた》えましょう。 一つ50点《てん》(100点)

夜《よる》、みなさんは しっかりと ねむれて いますか。ねむる ことは みなさんの せいちょうにも 大切《たいせつ》な ことなのです。ねむって いる 間《あいだ》に、体《からだ》の 中で せいちょうに ひつような ぶっしつが はたらいて いるのです。

なぜ、夜《よ》ふかしを すると よく ないのかが わかりますね。夜は 早めに ねる ことを 心《こころ》がけましょう。

(1) 夜《よる》 ねむる ことは、何《なに》に やく だって いるのですか。

(2) 夜《よる》は どのように ねると よい のですか。

夜《よる》は　　　　に ねる。

夏休《なつやす》みは 楽《たの》しいね!
そうだね
せっかくだから、夜《よ》ふかししよう!
えー?
はやく ねるのだ。
はーい。

14 まとめもんだい④
長《なが》さ，かさ

点

こたえ べっさつ7ページ

1 □に　あてはまる　数《かず》を　書《か》きましょう。

1つ10点《てん》（20点）

① 7cm1mm＝□mm　② 50mm＝□cm

2 計算《けいさん》を　しましょう。

1つ15点（30点），各完答《かくかんとう》

① 11cm2mm＋5mm＝□cm□mm

② 9cm7mm－6cm＝□cm□mm

3 □に　あてはまる　数《かず》を　書《か》きましょう。

1つ10点（20点）

① 900mL＝□dL　② 8L＝□dL

4 計算《けいさん》を　しましょう。

1つ15点（30点），各完答

① 8L5dL－3dL＝□L□dL

② 2dL＋3L6dL＝□L□dL

月　日

13 まとめもんだい③
ひっ算《さん》②，100より　大きい　数《かず》

点

こたえ　べっさつ7ページ

1　□に　あてはまる　数《かず》を　書《か》きましょう。

1つ10点《てん》（30点），①完答《かんとう》

① 569は，100を □ こ，10を □ こ，

1を □ こ　あわせた　数《かず》です。

② 百のくらいが　7，十のくらいが　4，

一のくらいが　2の　数《かず》は，□ です。

③ 300は，10を □ こ　あつめた　数《かず》です。

2　□に　あてはまる　数《かず》を　書《か》きましょう。　1つ10点（20点）

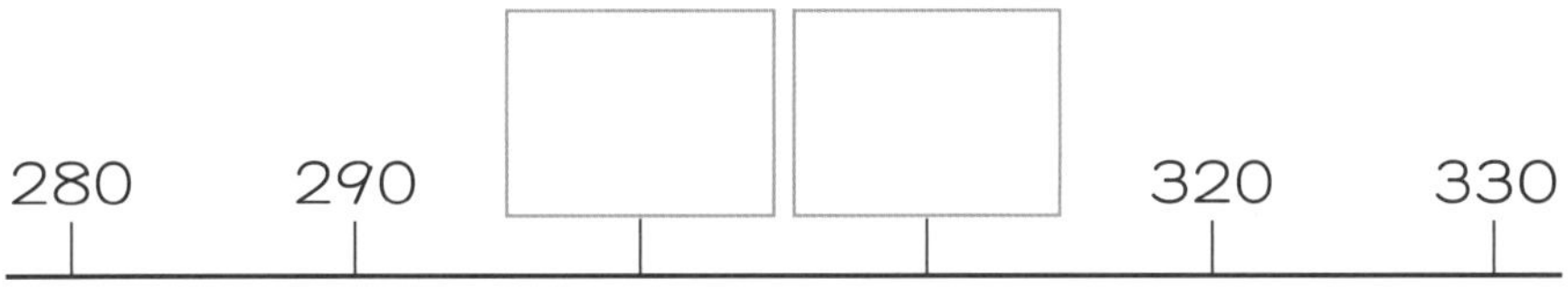

3　あと　いくつで　1000に　なりますか。　1つ10点(30点)

① 700　　② 990　　③ 999

□　　□　　□

4　金魚《きんぎょ》すくいで　ゆうとさんは　5ひき　すくいました。お父《とう》さんは　23びき　すくいました。ちがいは何《なん》びきですか。

しき10点・答《こた》え10点（20点）

しき □　　答《こた》え □

算数

月　日

12 まとめもんだい②

ひっ算《さん》①

点

こたえ べっさつ7ページ

1 計算《けいさん》を　しましょう。

1つ5点《てん》（30点）

①

	5	1
＋	3	7

②

	2	0
＋	4	5

③

		7
＋	7	6

④

	5	3
－	4	0

⑤

	9	8
－	6	4

⑥

	8	0
－	1	3

2 ひっ算《さん》で　しましょう。

1つ10点（60点）

① 24 ＋ 29　② 33 ＋ 6　③ 62 ＋ 18

④ 92 － 84　⑤ 29 － 9　⑥ 77 － 39

3 店《みせ》で　アイスクリームが　きのうは　34こ　売《う》れました。今日《きょう》は　27こ　売《う》れました。あわせて　何《なん》こ　売《う》れましたか。

しき5点・答《こた》え5点（10点）

しき

答《こた》え

算数

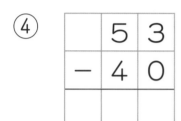

月 日

11 まとめもんだい①

ひょうと グラフ，時《じ》こくと 時間《じかん》

点

こたえ べっさつ6ページ

1 数《かず》を 数《かぞ》えて，グラフに ○で あらわしましょう。

1つ10点《てん》（40点）

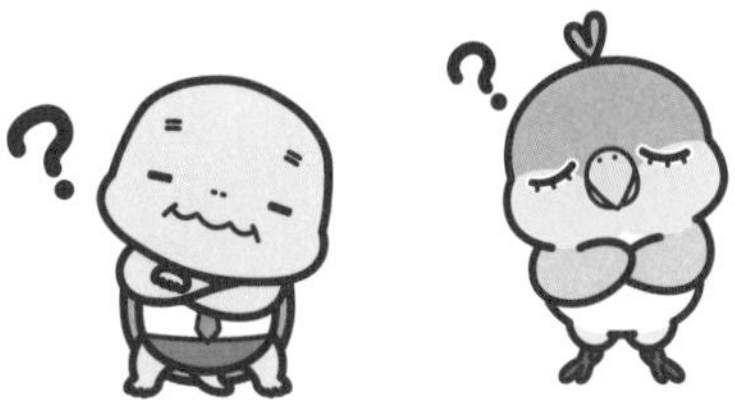

やさいの 数しらべ

玉ねぎ	じゃがいも	トマト	ピーマン

2 □に あてはまる 数《かず》を 書《か》きましょう。

1つ10点（40点），②，④各完答《かくかんとう》

① 1時間《じかん》30分《ぷん》＝□分

② 70分《ぷん》＝□時間《じかん》□分

③ 1日＝□時間《じかん》

④ 午前《ごぜん》は□時間《じかん》，午後《ごご》は□時間《じかん》

3 家《いえ》を 出てから 学校に つく までの 時間《じかん》は 何分間《なんぷんかん》ですか。

（20点）

□

算数

おもいだしてみよう

1 たし算《ざん》を しましょう。

①

	3	2
＋	2	7

②

	4	3
＋		5

③

	2	5
＋	4	9

2 ひき算《ざん》を しましょう。

①

	6	5
－	3	0

②

	8	7
－		4

③

	7	6
－	4	8

答《こた》え 1 ①59 ②48 ③74 2 ①35 ②83 ③28

月　日

10 かさ

点

こたえ べっさつ6ページ

1 水の　かさは　何《なん》L 何《なん》dL ですか。また，何《なん》dL ですか。

1つ5点《てん》（20点）

① 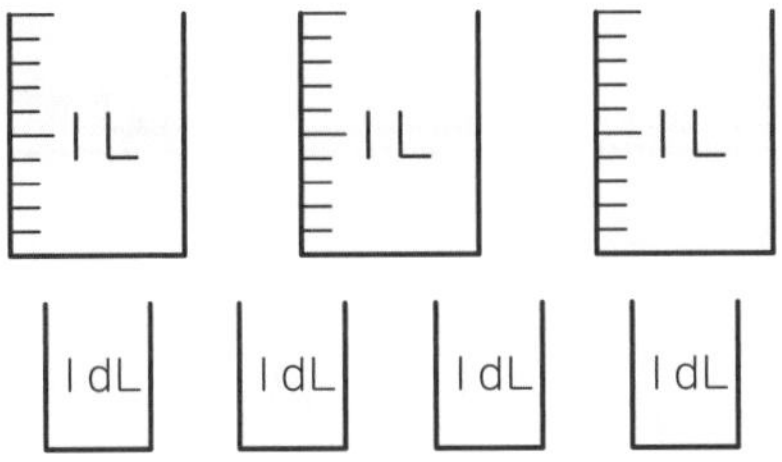

□ L □ dL ◀完答《かんとう》

□ dL

② 

□ L □ dL ◀完答

□ dL

2 □に　あてはまる　数《かず》を　書《か》きましょう。

1つ10点（40点）

① 6L ＝ □ dL　② 200mL ＝ □ dL

③ 7dL ＝ □ mL　④ 1000mL ＝ □ L

3 計算《けいさん》を　しましょう。

1つ10点（40点），各《かく》完答

① 3L ＋ 5L3dL ＝ □ L □ dL

② 6L9dL － 2L ＝ □ L □ dL

③ 4L1dL ＋ 7dL ＝ □ L □ dL

④ 2L8dL － 3dL ＝ □ L □ dL

月　日

9 長《なが》さ

点

こたえ べっさつ6ページ

1 左はしから　ア，イ，ウ，エまでの　長《なが》さは，それぞれ　どれだけですか。

1つ5点《てん》（20点），イ，エ各完答《かくかんとう》

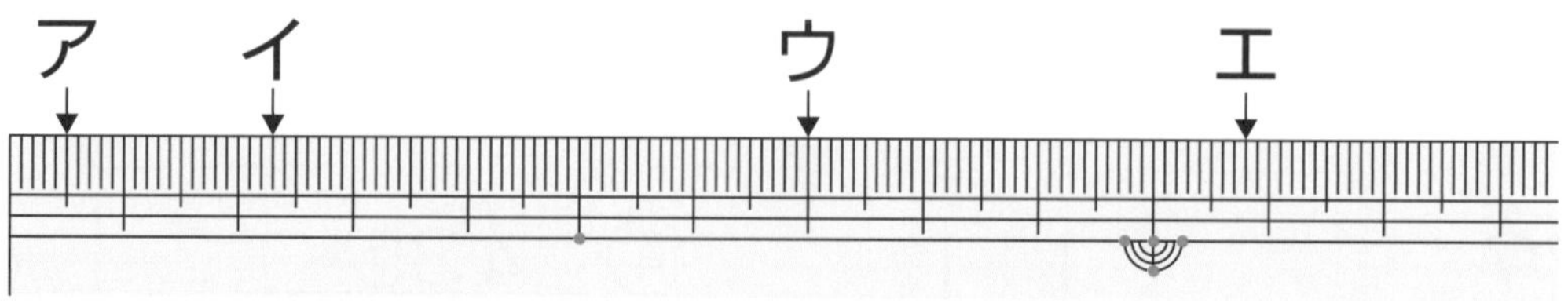

ア □mm　　イ □cm □mm

ウ □cm　　エ □cm □mm

2 □に　あてはまる　数《かず》を　書《か》きましょう。

1つ10点（40点），④完答

① 6cm＝□mm　　② 5cm8mm＝□mm

③ 20mm＝□cm　　④ 91mm＝□cm□mm

3 計算《けいさん》を　しましょう。

1つ10点（40点），各完答

① 16cm1mm＋3cm＝□cm□mm

② 12cm5mm－4cm＝□cm□mm

③ 3mm＋7cm6mm＝□cm□mm

④ 2cm9mm－5mm＝□cm□mm

8　100より　大きい　数《かず》②

点

こたえ べっさつ5ページ

1　□に　あてはまる　>，<を　かきましょう。

1つ5点《てん》（20点）

①　407　□　392　　②　812　□　821

③　99　□　111　　④　435　□　432

2　□に　あてはまる　数字《すうじ》を　ぜんぶ　答《こた》えましょう。

（10点），完答《かんとう》

142　>　1□4　　□

3　つぎの　計算《けいさん》を　しましょう。

1つ10点（40点）

①　$40+90=$ □　　②　$200+800=$ □

③　$130-60=$ □　　④　$1000-900=$ □

4　おまつりで，200円の　かきごおりと　70円の　ジュースを　買《か》いました。あわせて　何円《なんえん》ですか。

しき15点・答《こた》え15点（30点）

「あわせて」だから
たし算《ざん》の　しきなのだ。

しき □　　答《こた》え □

月　日

7　100より　大きい　数《かず》①

点

こたえ べっさつ5ページ

1　ぼうや　色紙《いろがみ》の　数《かず》を，数字《すうじ》で　書《か》きましょう。

1つ10点《てん》（20点）

①

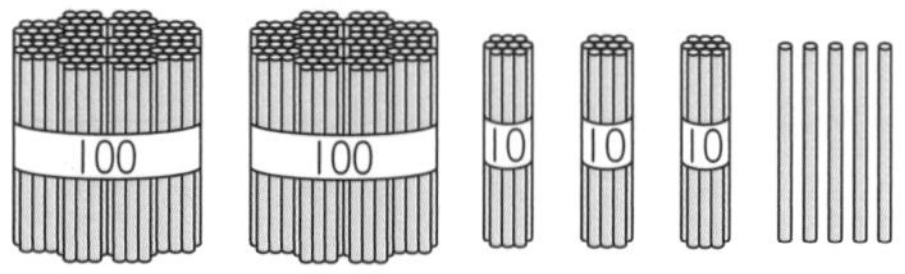
100
100
10
10
10

②

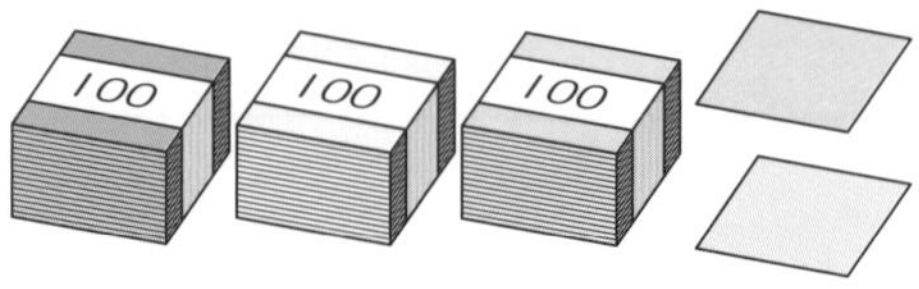
100
100
100

2　つぎの　数《かず》を　数字《すうじ》で　書《か》きましょう。　1つ10点（30点）

①　100を　5こ，10を　7こ，1を　2こ

あわせた　数《かず》は，□です。

②　百のくらいが　4，十のくらいが　9，

一のくらいが　0の　数《かず》は，□です。

③　10を　60こ　あつめた　数《かず》は，□です。

3　□に　あてはまる　数《かず》を　書《か》きましょう。

1つ10点（50点）

①

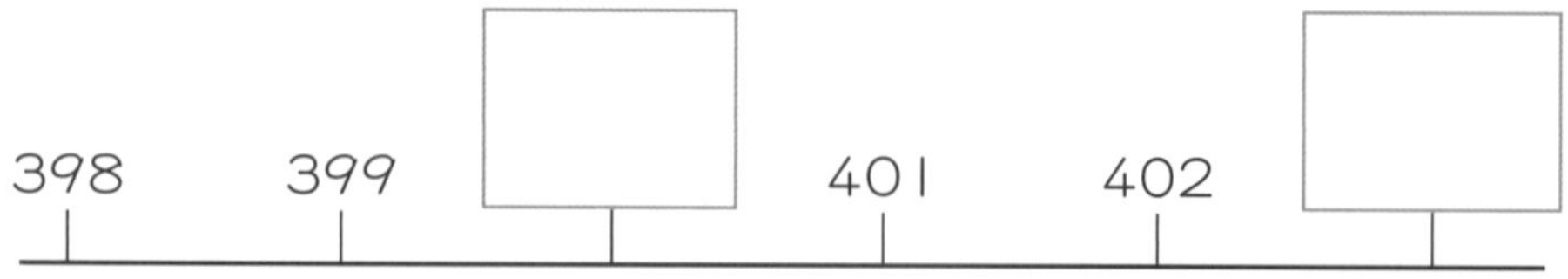
398
399
401
402

②

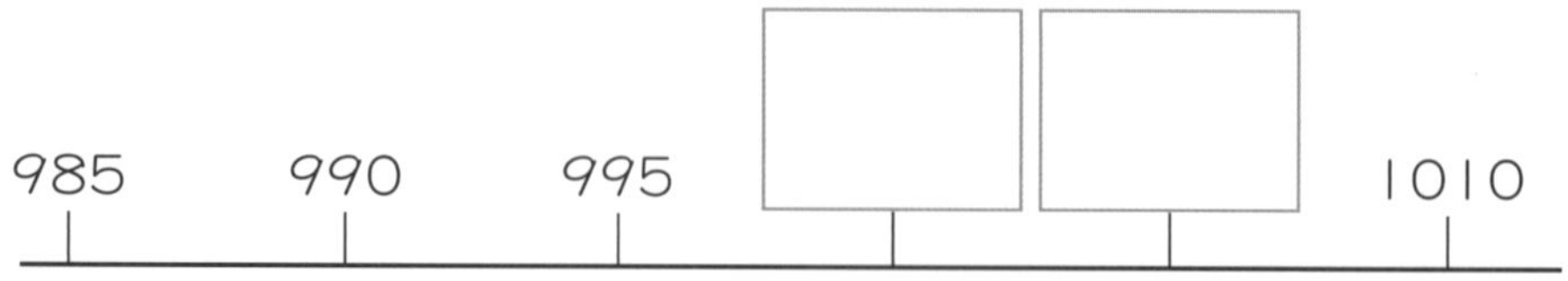
985
990
995
1010

③

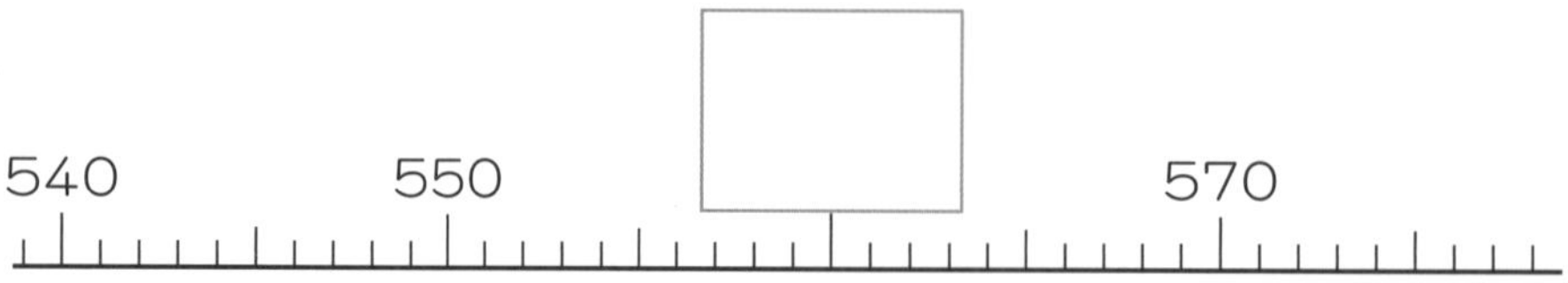
540
550
570

6 ひき算《ざん》の　ひっ算《さん》②

点

こたえ べっさつ4ページ

1　２人で　なわとびを　しました。どちらが　何回《なんかい》　多《おお》く　とびましたか。　しき10点《てん》・答《こた》え10点・ひっ算《さん》10点（30点）

とんだ　回数

れん	54回
ゆい	37回

しき

答《こた》え　　　さんが

　　　多《おお》い。

ひっ算《さん》

2　お店《みせ》で　キュウリを　４６本　売《う》って　います。１５本　売《う》れました。のこりは　何《なん》本ですか。

しき10点・答え10点・ひっ算10点（30点）

しき

答《こた》え

ひっ算《さん》

3　かなさんは　８才《さい》です。おばあさんは　７２才《さい》です。ちがいは　何才《なんさい》ですか。　しき15点・答え15点・ひっ算10点（40点）

しき

答《こた》え

ひっ算《さん》

5 ひき算《ざん》の　ひっ算《さん》①

点

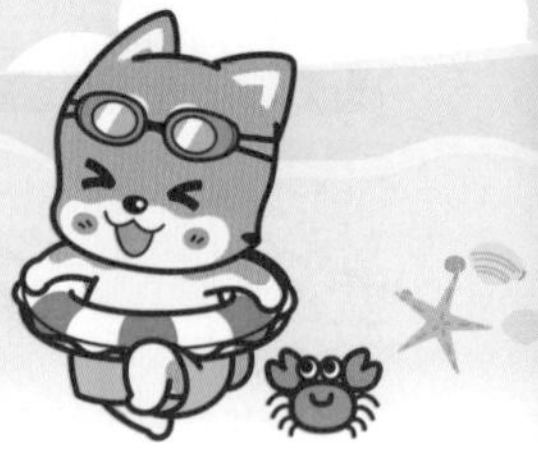

こたえ べっさつ4ページ

1 ひき算《ざん》を　しましょう。　1つ10点《てん》（30点）

①

	5	9
−	2	2

②

	7	6
−		5

③

	4	2
−	1	6

2 ひっ算《さん》で　しましょう。　1つ10点（30点）

① 91−20　② 60−47　③ 53−8

3 下の　ひき算《ざん》の　答《こた》えの　たしかめに　なる，たし算《ざん》の　しきは　どれですか。線《せん》で　むすびましょう。

1つ10点（40点）

72−59 •	• 18+7
63−40 •	• 13+59
25−7 •	• 23+40
38−14 •	• 24+14

ひき算《ざん》の　答《こた》えに　ひく数《かず》を
たして　たしかめるのだ！

月　日

4 たし算《ざん》の　ひっ算《さん》②

点

こたえ べっさつ3ページ

1　しおりさんは，チョコレートと ガムを　買《か》いました。あわせて 何《なん》円《えん》に　なりましたか。

35円

18円

しき10点《てん》・答《こた》え10点・ひっ算《さん》10点（30点）

しき

答《こた》え

ひっ算《さん》

2　ひろとさんは，シールを　56まい　もって　います。妹《いもうと》から　12まい　もらいました。シールは ぜんぶで　何《なん》まいに　なりましたか。

しき10点・答え10点・ひっ算10点（30点）

しき

答《こた》え

ひっ算《さん》

3　けんたさんは，きのうまでに　本を　67ページ 読《よ》みました。今日《きょう》は　21ページ　読《よ》みました。 ぜんぶで　何《なん》ページ　読《よ》みましたか。

しき15点・答え15点・ひっ算10点（40点）

しき

答《こた》え

ひっ算《さん》

算数

3　たし算《ざん》の　ひっ算《さん》①

点

こたえ　べっさつ3ページ

1　たし算《ざん》を　しましょう。　1つ10点《てん》（30点）

①

	4	2
+	1	5

②

	8	1
+		6

③

	2	4
+	3	8

2　ひっ算《さん》で　しましょう。　1つ10点（30点）

①　36+23　②　70+12　③　17+49

3　計算《けいさん》を　しなくても，答《こた》えが　同《おな》じに　なる
ことが　わかる　しきを　見《み》つけて，線《せん》で
むすびましょう。　1つ10点（40点）

19+68・	・2+50
50+2・	・21+74
33+29・	・68+19
74+21・	・29+33

算数

2　時《じ》こくと　時間《じかん》

点

こたえ　べっさつ2ページ

1　8時《じ》から　8時《じ》25分《ふん》までの 時間《じかん》は　何分間《なんぷんかん》ですか。　(10点《てん》)

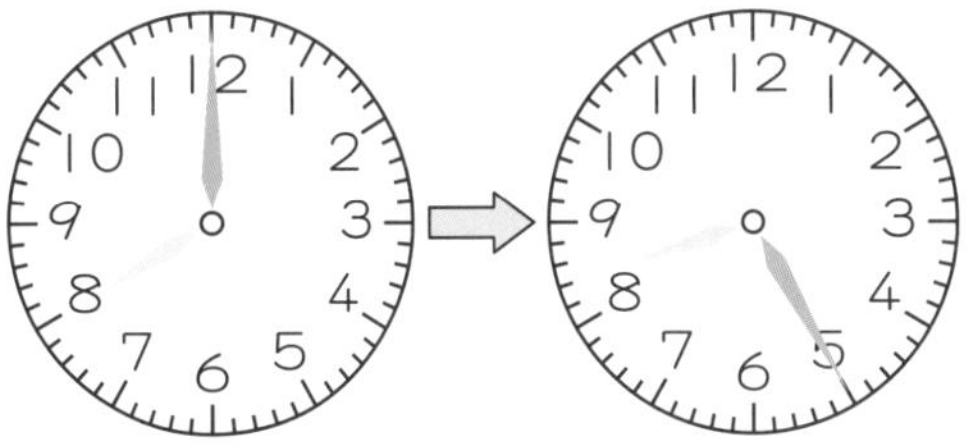

[　　　　]分間《ふんかん》

2　今《いま》の　時《じ》こくは　3時《じ》15分《ふん》です。
つぎの　時《じ》こくを　かきましょう。

1つ15点(30点)

①　1時間前《じかんまえ》

[　　　　]

②　30分後《ぷんご》

[　　　　]

3　つぎの　時《じ》こくを　午前《ごぜん》，午後《ごご》を　つかって かきましょう。　1つ20点(40点)

①　朝《あさ》

[　　　　]

②　昼《ひる》

[　　　　]

4　図書《としょ》かんに　いた　時間《じかん》は 何時間《なんじかん》ですか。　(20点)

[　　　　]

図書かんに ついた　時こく　　図書かんを 出た　時こく

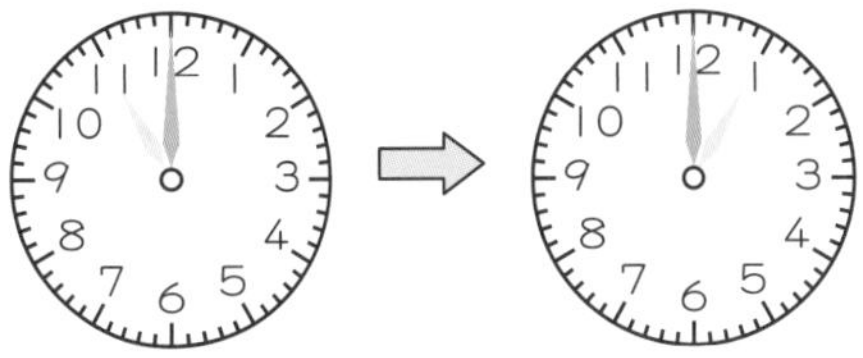

午前　　午後

算数

月　日

1　ひょうと　グラフ

点

こたえ　べっさつ2ページ

1　くだものの　数《かず》しらべを　しました。　1つ25点《てん》（100点）

①　みかんの　数《かず》は
何《なん》こですか。

［　　］こ

②　数《かず》が　いちばん　多《おお》い
くだものは　何《なん》ですか。

［　　］

くだものの　数しらべ

		○		
		○		
○		○		
○	○	○		
○	○	○		○
○	○	○	○	○
○	○	○	○	○
りんご	みかん	いちご	メロン	すいか

③　りんごと　メロンでは
どちらが　何《なん》こ　多《おお》いですか。

［　　］が［　　］こ　多《おお》い。

④　くだものの　数《かず》を　下の　ひょうに
あらわしましょう。

くだもの	りんご	みかん	いちご	メロン	すいか
数(こ)					

算数

算数《さんすう》

夏《なつ》休み　何《なに》して　あそぶー?
プールでしょー。
キャンプでしょー。
花火も　したいし、
おまつりにも　行《い》きたいね。
あと、海《うみ》とか　山《やま》も
いいなー。それから……
わくわく
夏《なつ》休みは、1がっきの　ふくしゅうを
する　チャンスだぞ!
じゃ、今日《きょう》は　算数《さんすう》の
べん強《きょう》を　いっしょに
しようよ、キヨン。
!
えっ
ギクッ
算数
にげちゃ　だめだよー。
もー
算数《さんすう》　にが手～!
にげろー!
バタ
バタ
わしが　ちゃんと
教《おし》えて　あげるぞ。
みんなも
いっしょに
べん強《きょう》
するのだ!

チャ太《た》郎《ろう》シール

キョンと
まつじいもいるよ！

ドリルをやったら巻末《かんまつ》の「夏休《なつやす》みわくわくカレンダー」に
シールをはりましょう。あまったら自由《じゆう》に使《つか》いましょう。

チャ太《た》郎《ろう》

キョン

まつじい

チャ太郎ドリル　夏休み編　小学2年生
算数

もくじ

国語《こくご》は
はんたいがわの　ページから
はじまるよ!

本誌・答え

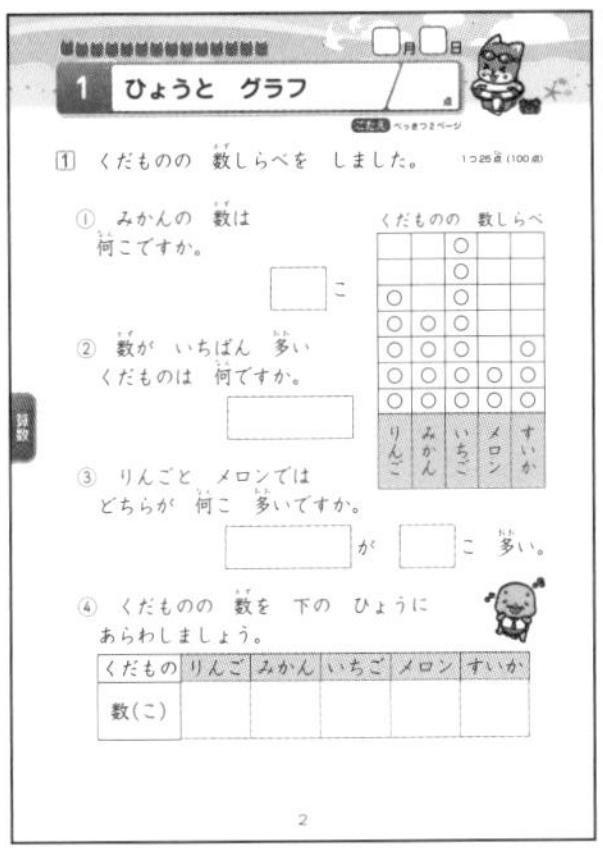

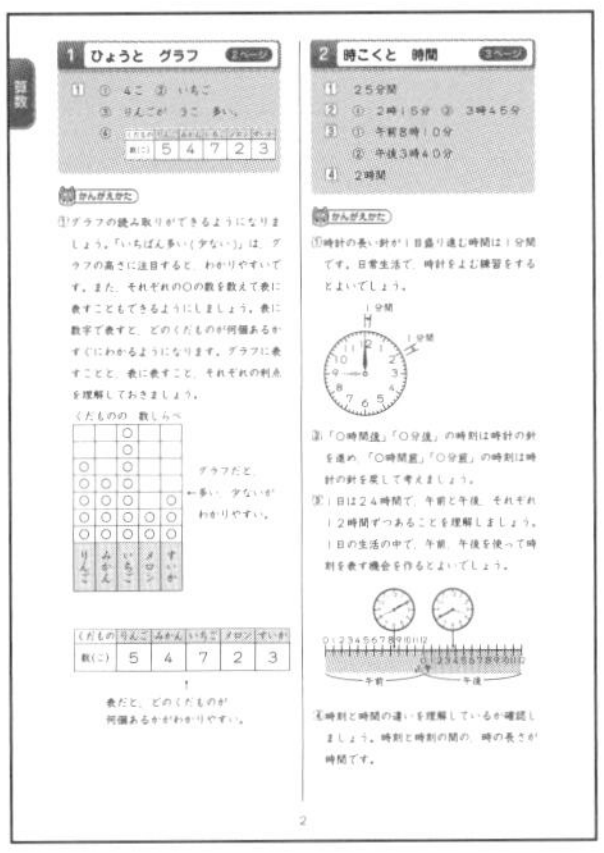

算数は，１学期の確認を10回に分けて行い，最後にまとめ問題を４回分入れています。国語は，１学期の確認を14回に分けて行います。１回分は１ページで，お子様が無理なくやりきることのできる問題数にしています。

ステップアップノート

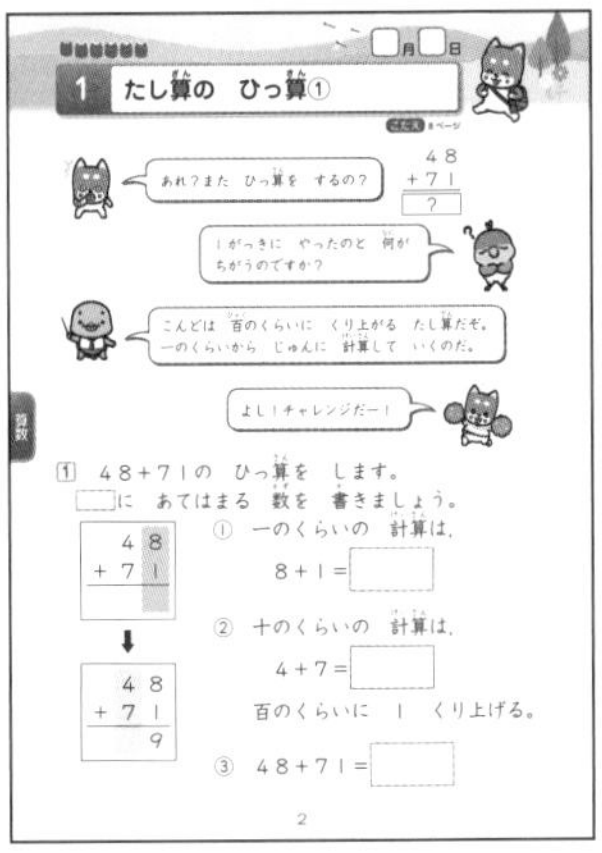

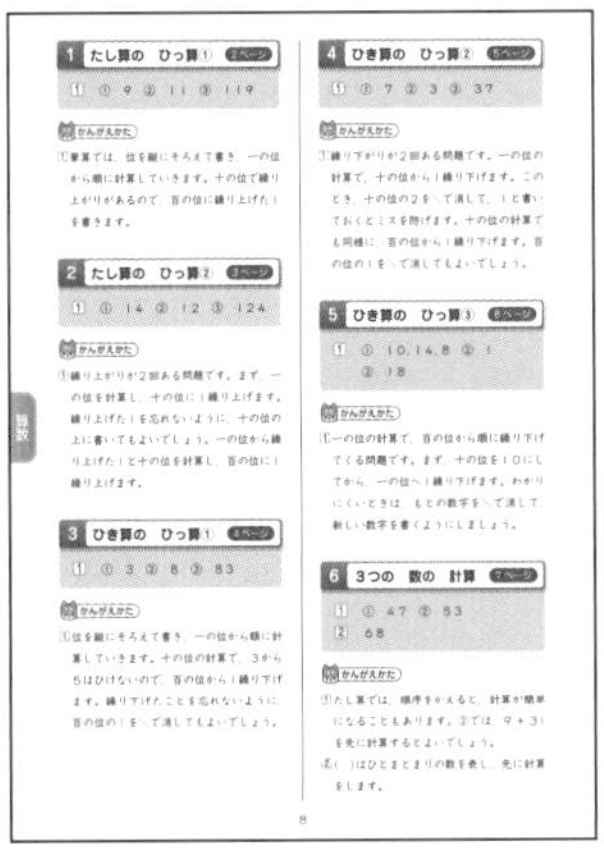

２学期の準備を，算数は６回，国語は５回に分けて行います。チャ太郎と仲間たちによる楽しい導入で，未習内容でも無理なく取り組めるようにしています。答えは，各教科の最後のページに掲載しています。

特別付録：ポスター「２年生で習う漢字」「英語×体の言い方」

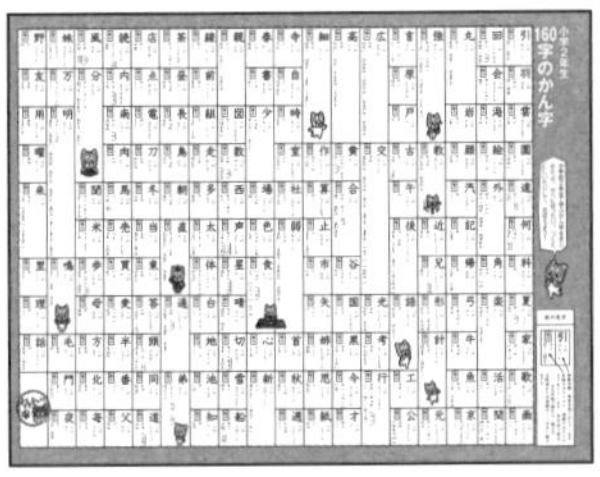

お子様の学習に対する興味・関心を引き出すポスターです。「英語×体の言い方」のポスターでは，ところどころに英単語を載せ，楽しく英単語を覚えられるようにしています。

本書の使い方

まず，本誌からはじめましょう。本誌の問題をすべて解き終えたら，ステップアップノートに取り組みましょう。

①１日１回分の問題に取り組むことを目標にしましょう。

②問題を解いたら，答え合わせをしましょう。「かんがえかた」も必ず読んで，理解を深めましょう。

③答え合わせが終わったら，巻末の「わくわくカレンダー」に，シールを貼りましょう。

チャ太郎ドリル
夏休み編

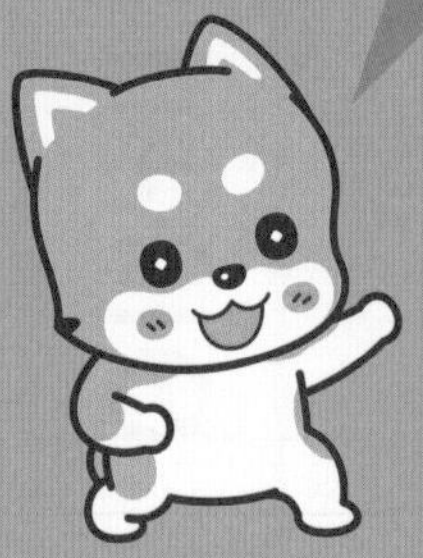

ステップアップノート

小学2年生

国語《こくご》は，ここから　はじまるよ！

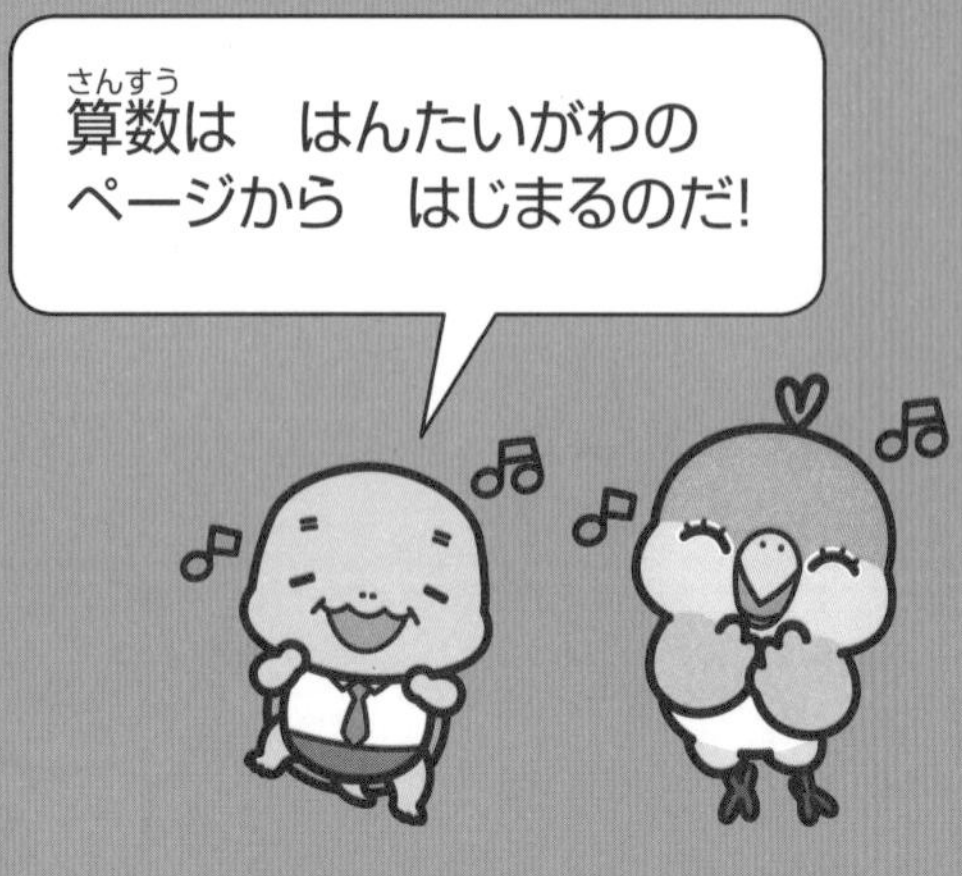

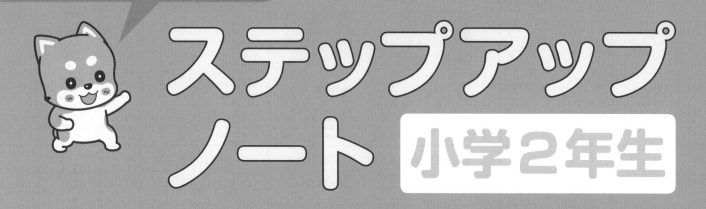

1 二年生の かん字

たくさん かん字が あるね。

「朝」「昼」「夜」は いっしょに おぼえよう！

朝 あさ 12画《かく》	親 おや 16画《かく》
昼 ひる 9画《かく》	父 ちち 4画《かく》
夜 よる 8画《かく》	母 はは 5画《かく》

なかまの かん字を まとめて おぼえると、いちどに いくつもの かん字を べんきょうできるのだ。

よーし、たくさん おぼえるぞ！

国語

月　日

こたえ 10ページ

1 つぎの □ の かん字を、なぞって 書《か》きましょう。

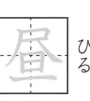

朝 あさ	親 おや
昼 ひる	父 ちち
夜 よる	母 はは

それぞれの かん字を なかまに して おぼえよう！

2 なかまの ことば

月　日

こたえ 10ページ

さいきん うさぎを かいはじめたよ。とても かわいいんだ。

ハムスターも かわいいよね！ 一年前《まえ》から かって いるよ。

二人《ふたり》とも どうぶつを かって いるのだな。「うさぎ」「ハムスター」は、「どうぶつ」の なかまの ことばだぞ。ほかにも どんな なかまの ことばが あるのか、考《かんが》えて みるのだ。

1 つぎの ことばの うち、なかまはずれに ○を つけましょう。

① ねずみ・うさぎ・コーヒー

② みず・ふゆ・はる

③ しんかんせん・バス・はさみ

④ みかん・あか・りんご

①は どうぶつ、②は きせつ、③は のりもの、④は くだものの なかまか どうかを 考《かんが》えよう。

3 お話《はなし》を 読《よ》む

国語

月　日

こたえ 10ページ

先生、お話《はなし》を 読《よ》む ときは 何《なに》に 気を つけたら いいのですか。

お話《はなし》に 出て くる 人の ようすから 気もちを 考《かんが》えて 読《よ》むのだ。

1 つぎの 文しょうを 読《よ》んで 答《こた》えましょう。

「ぼく ピアニストに なりたい。」
いつも 自分《じぶん》の いけんを あまり 言《い》わない 兄《にい》ちゃんが、大きな 声《こえ》で そう 言った。お母《かあ》さんは おこった 顔《かお》で 兄ちゃんを 見た。
ぼくは そっと 兄ちゃんの 顔を 見た。兄ちゃんは おこったり かなしんだりは せず、ただ しっかりと みらいを 見て いた。

① 兄《にい》ちゃんは どのような 声《こえ》で いけんを 言《い》いましたか。

□□□□ 声《こえ》。

② お母《かあ》さんは どのような 顔《かお》で 兄《にい》ちゃんを 見ましたか。

□□□□ 顔《かお》。

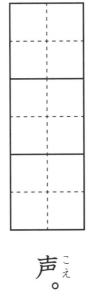

4 しを 読《よ》む

□月□日

こたえ 9ページ

先生、しは むずかしいです。どう 読《よ》めば いいですか。

まずは、何《なに》を あらわして いるのか 考《かんが》えて みるのだ。

1 つぎの しを 読《よ》んで 答《こた》えましょう。

あしぶみ

じめんの 上で あしぶみだ
たんたん とんとん
小さな 音が なる
みんなと いっしょに あしぶみだ
だんだん どんどん
大きな 音に なる

① はじめに あしぶみを した ときは どのような 音が なりましたか。

（　　　　　　　　）音が なった。

② あしぶみが 大きな 音に なったのは なぜですか。

あしぶ（　　　　　　　　）みを したから。

国語

5 せつめい文を 読《よ》む

国語

□月 □日

こたえ 9ページ

せつめい文を 読《よ》む ときは 何《なに》に 気を つけるかな？

何《なん》の 話《はなし》なのかに 気を つけて 読《よ》みとります。

そのとおり。こそあどことばにも 気を つけるのだぞ。

1 つぎの 文しょうを 読《よ》んで 答《こた》えましょう。

おうだんほどうを、知《し》って いますか。

どうろは、車や バイクが たくさん 通《とお》るので、きけんな ばしょです。そんな ばしょを わたる ために おうだんほどうが あります。

おうだんほどうは、歩《ある》く 人が 通る ところだと いう めじるしに なって いるのです。

① おうだんほどうは 何《なん》の ために ありますか。

［　　　］な ばしょを わたる ために ある。

② おうだんほどうは どのような ものですか。

歩《ある》く 人が 通《とお》る ところだと いう ［　　　　］。

初版
第１刷　2020年７月１日　発行

●編 者
数研出版編集部
●表紙デザイン
株式会社クラップス

発行者　星野 泰也

ISBN978-4-410-13753-2

チャ太郎ドリル 夏休み編 小学２年生

発行所　数研出版株式会社

本書の一部または全部を許可なく複写・複製することおよび本書の解説・解答書を無断で作成することを禁じます。

〒101-0052 東京都千代田区神田小川町２丁目３番地３
〔振替〕00140-4-118431
〒604-0861 京都市中京区烏丸通竹屋町上る大倉町205番地
〔電話〕代表 (075)231-0161
ホームページ　https://www.chart.co.jp

印刷　創栄図書印刷株式会社
乱丁本・落丁本はお取り替えいたします　200601

チャ太郎ドリル　夏休み編　小学二年生
国語

もくじ

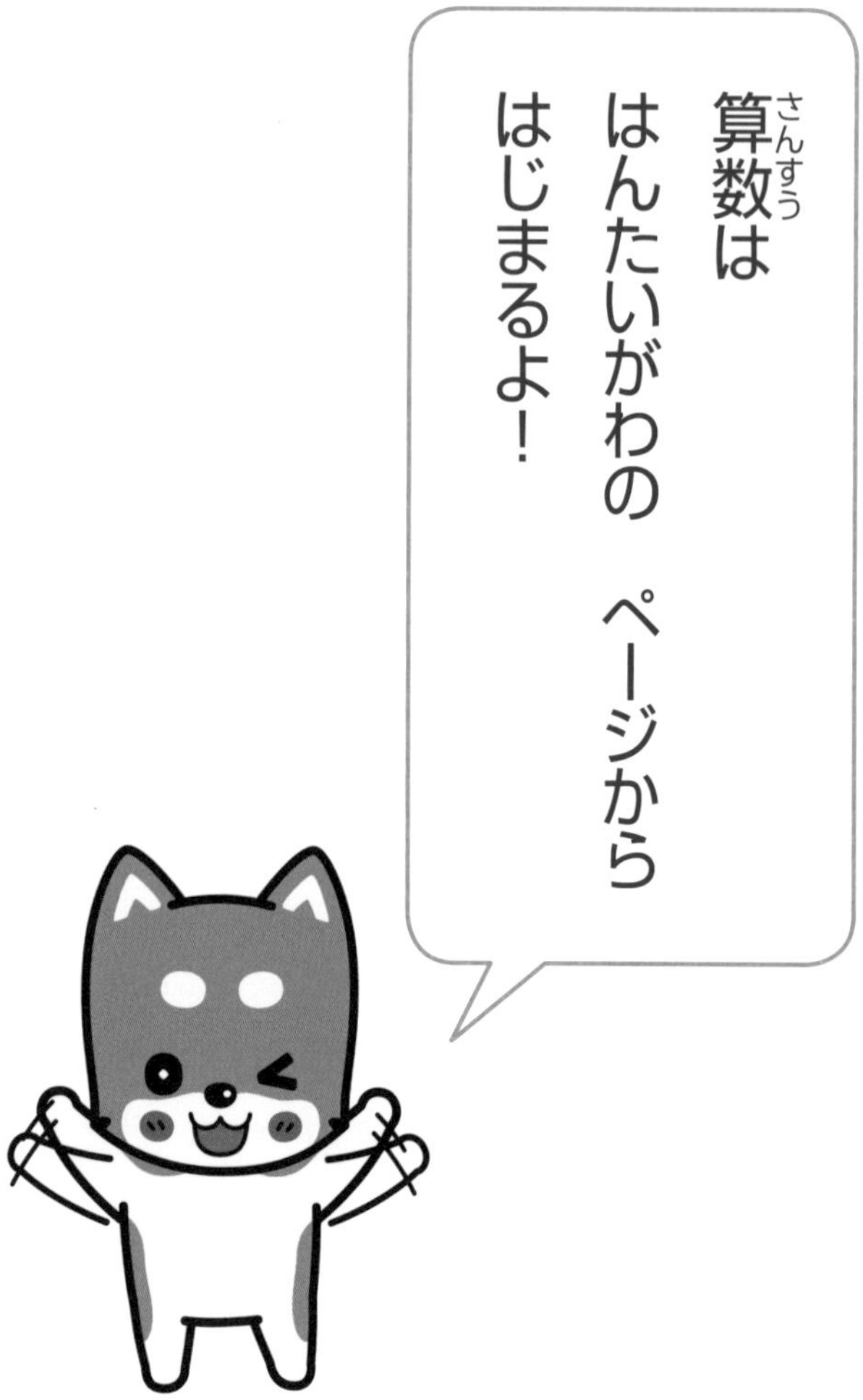

算数《さんすう》は　はんたいがわの　ページから　はじまるよ！

答《こた》え

小2

算数《さんすう》

1 ひょうと グラフ 2ページ

1 ① 4こ ② いちご
③ りんごが 3こ 多い。
④

くだもの	りんご	みかん	いちご	メロン	すいか
数(こ)	5	4	7	2	3

かんがえかた

1 グラフの読み取りができるようになりましょう。「いちばん多い（少ない）」は，グラフの高さに注目すると，わかりやすいです。また，それぞれの○の数を数えて表に表すこともできるようにしましょう。表に数字で表すと，どのくだものが何個あるかすぐにわかるようになります。グラフに表すことと，表に表すこと，それぞれの利点を理解しておきましょう。

くだものの 数しらべ

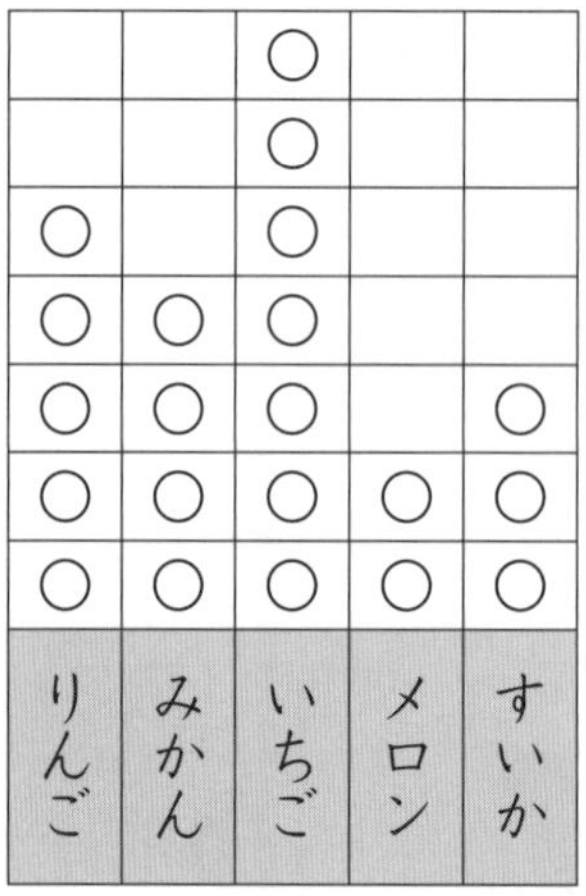
りんご
みかん
いちご
メロン
すいか

←グラフだと，多い，少ないがわかりやすい。

くだもの	りんご	みかん	いちご	メロン	すいか
数(こ)	5	4	7	2	3

↑
表だと，どのくだものが何個あるかがわかりやすい。

2 時こくと 時間 3ページ

1 25分間
2 ① 2時15分 ② 3時45分
3 ① 午前8時10分
② 午後3時40分
4 2時間

かんがえかた

1 時計の長い針が1目盛り進む時間は1分間です。日常生活で，時計をよむ練習をするとよいでしょう。

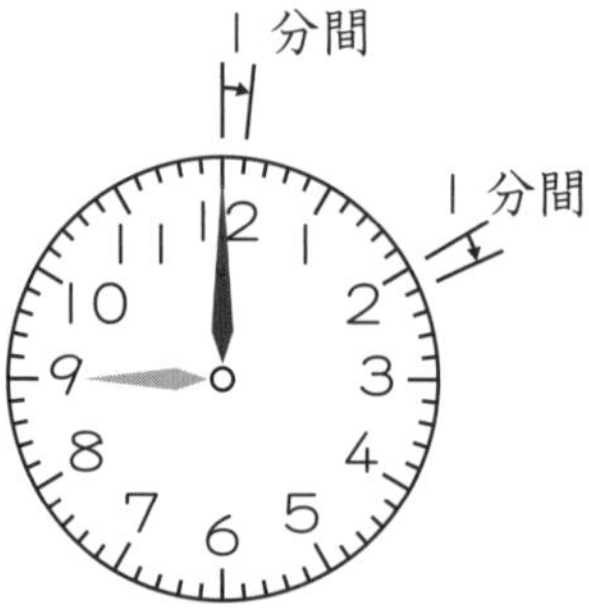
1分間
1分間

2 「○時間後」「○分後」の時刻は時計の針を進め，「○時間前」「○分前」の時刻は時計の針を戻して考えましょう。
3 1日は24時間で，午前と午後，それぞれ12時間ずつあることを理解しましょう。1日の生活の中で，午前，午後を使って時刻を表す機会を作るとよいでしょう。

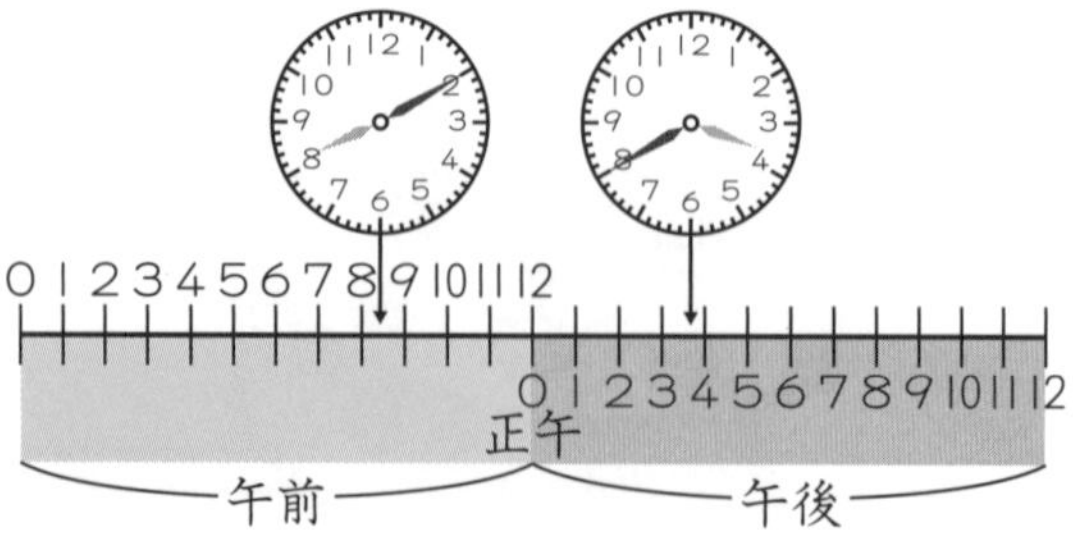
0 1 2 3 4 5 6 7 8 9 10 11 12
0 1 2 3 4 5 6 7 8 9 10 11 12
正午
午前
午後

4 時刻と時間の違いを理解しているか確認しましょう。時刻と時刻の間の，時の長さが時間です。

3 たし算の　ひっ算①　4ページ

1 ①　57　②　87　③　62

2 ①
$$\begin{array}{r} 36 \\ +\ 23 \\ \hline 59 \end{array}$$
②
$$\begin{array}{r} 70 \\ +\ 12 \\ \hline 82 \end{array}$$
③
$$\begin{array}{r} 17 \\ +\ 49 \\ \hline 66 \end{array}$$

3

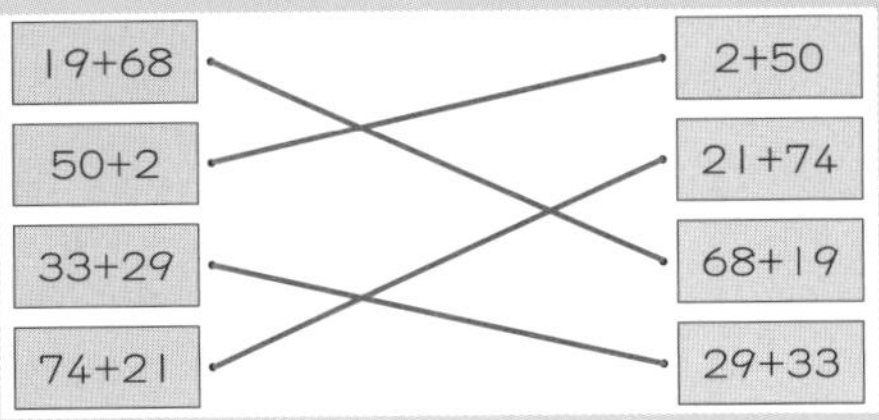

かんがえかた

1 たし算の筆算ができるようになりましょう。③では，一の位の計算で繰り上がりがあり，まちがいやすい問題です。慣れないうちは，繰り上げた１を十の位に小さく書くようにすると，ミスを防ぐことができます。

2 自分で式から筆算の形に変えて，計算する問題です。縦に位をそろえて書くことがポイントです。方眼がなくても位をそろえて書けるように，練習しましょう。
③のように一の位の計算で繰り上がりがある場合は，十の位の計算のときに繰り上がった１を忘れないようにしましょう。

3 たし算では，たされる数とたす数を入れかえても答えは同じです。

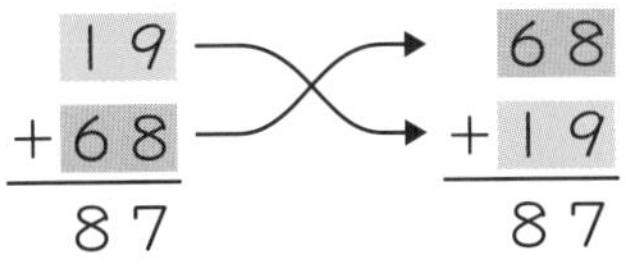

他の問題も実際に計算をして，答えが同じになることを確かめましょう。

4 たし算の　ひっ算②　5ページ

1 [しき]　35＋18＝53

[ひっ算]
$$\begin{array}{r} 35 \\ +\ 18 \\ \hline 53 \end{array}$$

[答え]　53円

2 [しき]　56＋12＝68

[ひっ算]
$$\begin{array}{r} 56 \\ +\ 12 \\ \hline 68 \end{array}$$

[答え]　68まい

3 [しき]　67＋21＝88

[ひっ算]
$$\begin{array}{r} 67 \\ +\ 21 \\ \hline 88 \end{array}$$

[答え]　88ページ

かんがえかた

文章題は，問題文をよく読んで場面を理解し，その場面に合った式をたてられるようにしましょう。場面がわかりにくいときは，図などをかいて考えるとよいです。

答えを書くときは，単位を忘れないように気をつけましょう。

1「あわせていくつ」を求める場面は，たし算の式で表すことを確認しましょう。

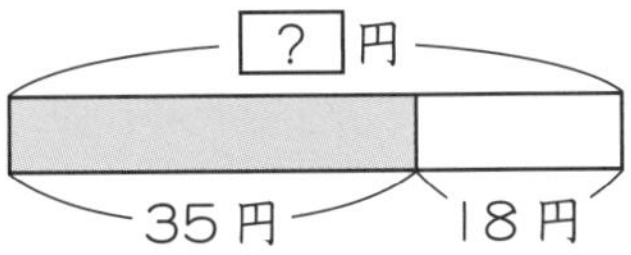

2「ぜんぶでいくつ」を求める場面は，たし算の式で表すことを確認しましょう。

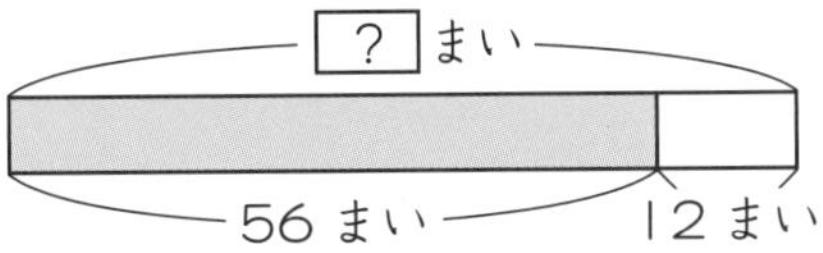

3「ぜんぶで」なので，たし算の式で表します。

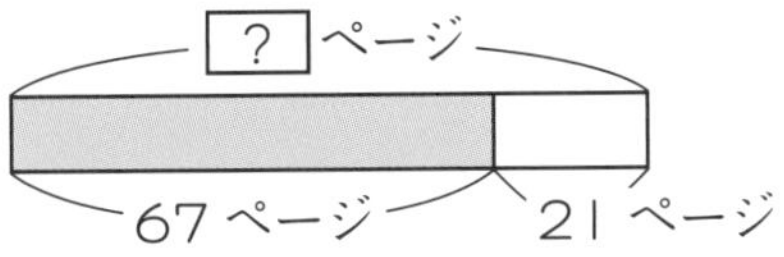

5 ひき算の　ひっ算①　6ページ

1 ①　37　②　71　③　26

2

① $\begin{array}{r} 91 \\ -\ 20 \\ \hline 71 \end{array}$　② $\begin{array}{r} 60 \\ -\ 47 \\ \hline 13 \end{array}$

③ $\begin{array}{r} 53 \\ -\ \ 8 \\ \hline 45 \end{array}$

3

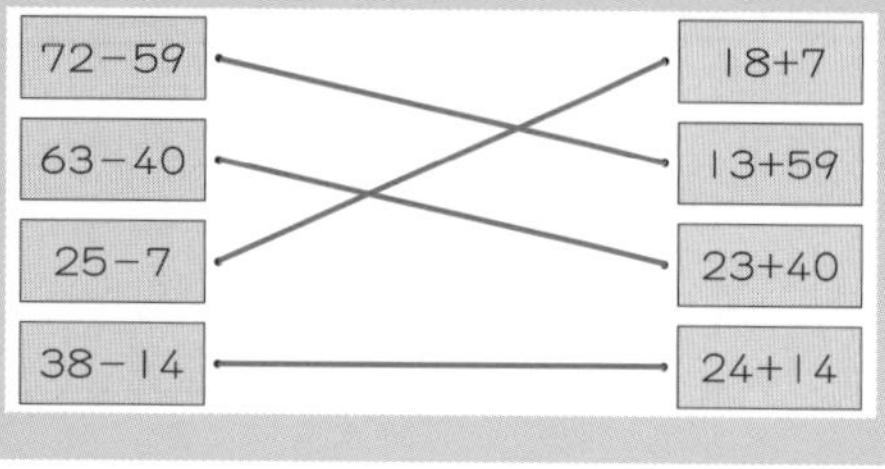

かんがえかた

1 ひき算の筆算ができるようになりましょう。③では，一の位がひけないので，十の位から1繰り下げます。ミスを防ぐためには，繰り下げたことがわかるように，十の位の数字を＼で消して1ひいた数を小さく書くとよいです。

2 自分で式から筆算の形に変えて，計算する問題です。縦に位をそろえて書くことがポイントです。方眼がなくても位をそろえて書けるように，練習しましょう。
一の位から計算します。②，③のように繰り下がりがある場合は，十の位の計算のときにまちがいやすいので気をつけましょう。

3 ひき算の答えは，たし算で確かめられます。ひき算の答えにひく数をたすと，ひかれる数になります。

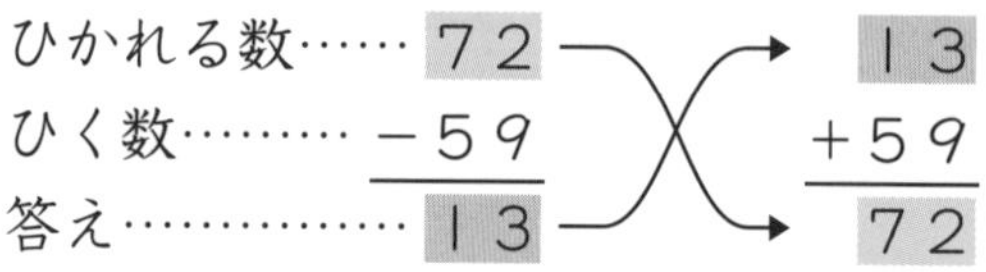

6 ひき算の　ひっ算②　7ページ

1 [しき]　54−37=17

[ひっ算] $\begin{array}{r} 54 \\ -\ 37 \\ \hline 17 \end{array}$

[答え] れんさんが　17回　多い。

2 [しき]　46−15=31

[ひっ算] $\begin{array}{r} 46 \\ -\ 15 \\ \hline 31 \end{array}$

[答え]　31本

3 [しき]　72−8=64

[ひっ算] $\begin{array}{r} 72 \\ -\ \ 8 \\ \hline 64 \end{array}$

[答え]　64才

かんがえかた

文章題は，問題文をよく読んで場面を理解し，その場面に合った式をたてられるようにしましょう。場面がわかりにくいときは，図などをかいて考えるとよいです。

1 2つの数の「ちがい」を求める場面では，ひき算の式で表すことを確認しましょう。

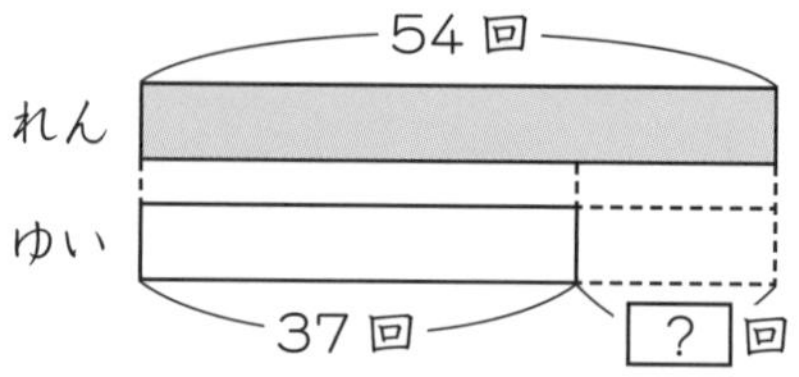

2「のこりはいくつ」を求める場面では，ひき算の式で表すことを確認しましょう。

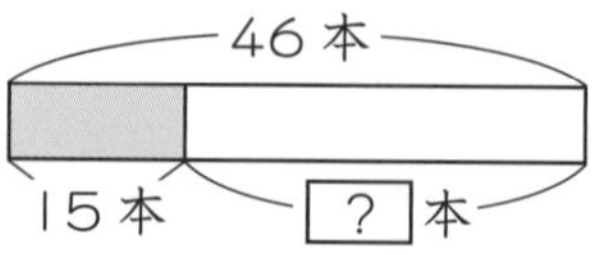

3「ちがい」を求めるので，ひき算の式で表します。

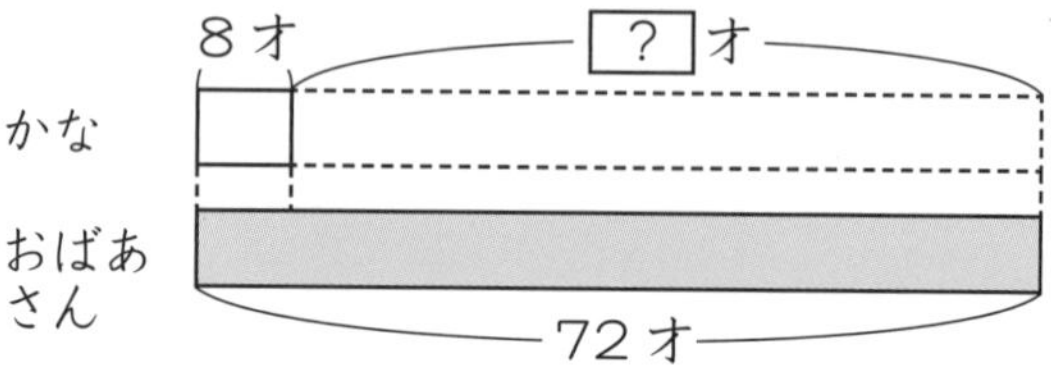

7 100より 大きい 数① 8ページ

1 ① 235 ② 302

2 ① 572 ② 490 ③ 600

3 ① 左から 400，403

② 左から 1000，1005

③ 560

かんがえかた

1 100より大きい数のしくみを理解し，数字で表すことができるようにしましょう。初めは，下のような位の表を作り，そこに数字を入れて考えるとよいでしょう。

百の位	十の位	一の位

②は，10のまとまりがないことに注意しましょう。その場合，十の位に0を書くことがポイントです。

2 ③はまちがいやすい問題です。まず，10のまとまりが10個で100になることを確認しましょう。60は10のまとまりが6個なので，10を60個集めると600になります。

3 数の線を読むときは，まず一番小さい目盛りがいくつかを考えます。

①
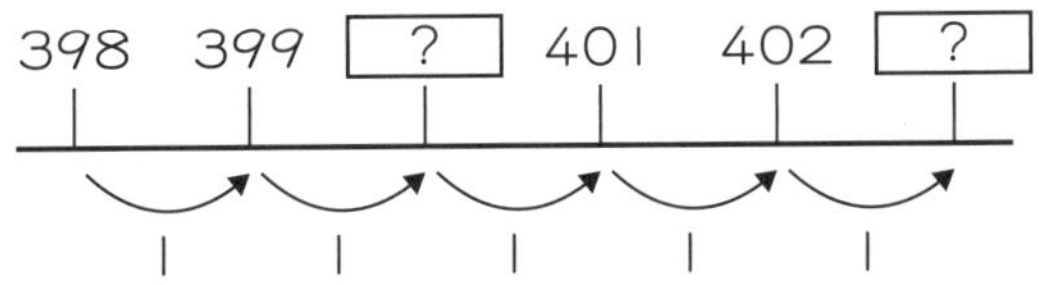

398
399
?
401
402
?
1
1
1
1
1

1目盛りで1ずつ増えています。

②
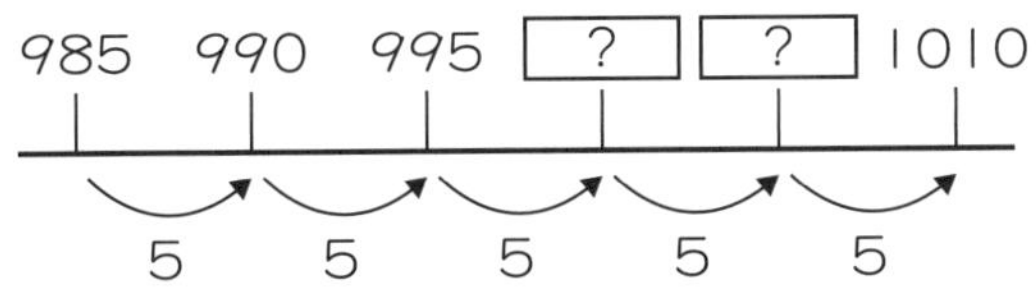

985
990
995
?
?
1010
5
5
5
5
5

1目盛りで5ずつ増えています。

③
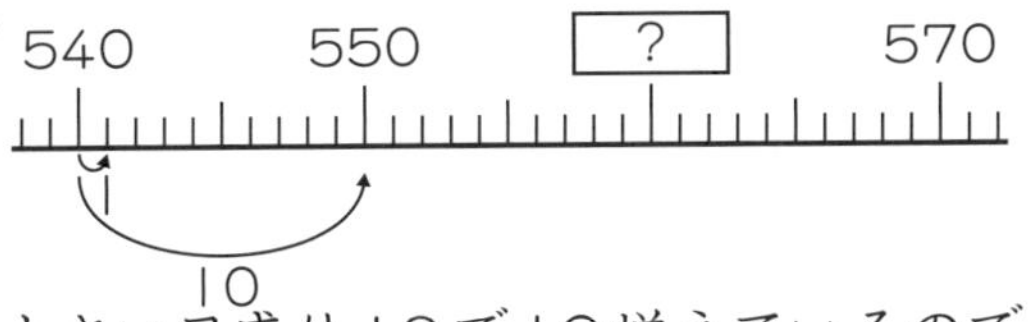

540
550
?
570
1
10

小さい目盛り10で10増えているので，小さい1目盛りで1ずつ増えています。

8 100より 大きい 数② 9ページ

1 ① ＞ ② ＜ ③ ＜ ④ ＞

2 0，1，2，3（順不同）

3 ① 130 ② 1000

③ 70 ④ 100

4 ［しき］200 + 70 = 270

［答え］270円

かんがえかた

1 数の大小を，不等号（＞，＜）を使って表すことができるようにしましょう。数の大きさを比べるときは，上の位から順に比べます。①百の位の4と3を比べます。②百の位は同じなので，次の十の位を比べます。③別の位の数字を比べないように注意しましょう。

2 □に数字を順にあてはめて比べます。

142 ＞ 1[0]4，142 ＞ 1[1]4，

142 ＞ 1[2]4，142 ＞ 1[3]4

□に4をあてはめると十の位は同じなので，一の位を比べます。142 ＜ 144 となるので，□に4はあてはまりません。

3 10のまとまりや100のまとまりがいくつ分になるかを考えて計算します。

① 40は10のまとまりが4個，90は10のまとまりが9個なので，40 + 90の答えは，4 + 9 = 13より，10のまとまりが13個分です。④ 1000は100のまとまりが10個，900は100のまとまりが9個なので，1000 − 900の答えは，10 − 9 = 1より，100のまとまりが1個分です。

4 「あわせて何円」を求めるので，たし算の式になります。

9 長さ 10ページ

1 ア 5mm イ 2cm 3mm
ウ 7cm エ 10cm 8mm

2 ① 60 ② 58 ③ 2
④ 9, 1

3 ① 19, 1 ② 8, 5
③ 7, 9 ④ 2, 4

かんがえかた

1ものさしの目盛りを読めるようになりましょう。大きい目盛り1つ分が1cmで，1cmを10等分した小さい目盛り1つ分が1mmになることを理解しましょう。

2長さの単位換算の問題です。1cm＝10mmであることを覚えましょう。④は，91を90と1に分けて考えるとよいです。

3「長さ」もたし算やひき算で計算することができます。同じ単位どうしを計算するので，下のように筆算にしてもよいでしょう。

② 12cm 5mm
− 4cm
8cm 5mm

③ 3mm
＋ 7cm 6mm
7cm 9mm

10 かさ 11ページ

1 ① 3L 4dL，34dL
② 1L 4dL，14dL

2 ① 60 ② 2 ③ 700
④ 1

3 ① 8, 3 ② 4, 9
③ 4, 8 ④ 2, 5

かんがえかた

1かさの単位である，dL，Lを理解しましょう。1L＝10dLです。②は1Lを10等分した目盛りなので，1目盛りが1dLになります。

2かさの単位換算の問題です。
1L＝10dL，1dL＝100mL，
1L＝1000mLであることを覚えましょう。

3「かさ」もたし算やひき算で計算することができます。同じ単位どうしを計算するので，下のように筆算にしてもよいでしょう。

① 3L
＋ 5L 3dL
8L 3dL

④ 2L 8dL
− 3dL
2L 5dL

11 まとめもんだい① 13ページ

1

			○
	○		○
○	○		○
○	○	○	○
○	○	○	○
玉ねぎ	じゃがいも	トマト	ピーマン

2 ① 90
② 1，10
③ 24
④ 12，12

3 25分間

かんがえかた

1数を数えるときは，数えながら＼で消したり，種類ごとに印をつけたりするとミスを防ぐことができます。数え忘れがないか，見直す習慣もつけましょう。

2時間の単位の関係を理解しましょう。
1時間＝60分，1日＝24時間，午前と午後はそれぞれ12時間です。②は，70を60と10に分けて考えましょう。

3時計の長い針が1目盛り進む時間は，1分間です。

12 まとめもんだい② 14ページ

1 ① 88 ② 65 ③ 83
④ 13 ⑤ 34 ⑥ 67

2 ①
$$\begin{array}{r} 24 \\ +29 \\ \hline 53 \end{array}$$
②
$$\begin{array}{r} 33 \\ +\ \ 6 \\ \hline 39 \end{array}$$
③
$$\begin{array}{r} 62 \\ +18 \\ \hline 80 \end{array}$$
④
$$\begin{array}{r} 92 \\ -84 \\ \hline 8 \end{array}$$
⑤
$$\begin{array}{r} 29 \\ -\ \ 9 \\ \hline 20 \end{array}$$
⑥
$$\begin{array}{r} 77 \\ -39 \\ \hline 38 \end{array}$$

3 [しき] 34+27=61
[答え] 61こ

かんがえかた

1 たし算，ひき算の筆算では，一の位から計算し，繰り上がりや繰り下がりでミスをしないようにしましょう。
③は繰り上がりがあります。繰り上げた1を十の位に小さく書いてもよいです。⑥は繰り下がりがあります。十の位の8を＼で消して7と書いてもよいです。

2 ②と⑤は位どりをまちがいやすい問題です。自分で筆算を書くときは，必ず縦に位をそろえて書くように気をつけましょう。

3「あわせて何こ」を求めるので，たし算の式になります。

13 まとめもんだい③ 15ページ

1 ① 5，6，9 ② 742
③ 30

2 300，310

3 ① 300 ② 10 ③ 1

4 [しき] 23 − 5 = 18
[答え] 18ひき

かんがえかた

1 わかりにくい場合は，十円玉が10個で百円玉と同じ，というように硬貨を使って考えるとよいでしょう。

2 数の線の問題は，まず1目盛りでいくつ増えているかを確認しましょう。この問題では10ずつ増えていることがわかります。

3 100を10個集めた数が1000です。数の線を使って考えるとわかりやすいです。
1目盛りで増える数を100，10，1と変えてみて，1000までの数の感覚をつかみましょう。

4「ちがい」を求めるので，ひき算の式になります。

14 まとめもんだい④ 16ページ

1 ① 71 ② 5

2 ① 11，7 ② 3，7

3 ① 9 ② 80

4 ① 8，2 ② 3，8

かんがえかた

1 1cm = 10mmです。定規をイメージして覚えるのもよいでしょう。

2 単位をよく見て，同じ単位どうしを計算しましょう。

3 1L = 10dL，1dL = 100mL，
1L = 1000mLです。かさの単位の関係を覚えているか，確認しましょう。

4 必ず同じ単位どうしを計算しましょう。

13 しを　読む②　18ページ

1

① 山の上

② よろこび

かんがえかた

1 ①題名に着目して答えましょう。また「のぼりきった」という言葉からも考えてみましょう。

②「わたし」の気持ちとして「よろこび」が表現されています。小さな自分と対比される大きな山を一生懸命、登りきったという達成感があるのです。

14 せつめい文を　読む②　17ページ

1

① せいちょう

② 早め

かんがえかた

1 ①ねむることで「せいちょう」に必要な物質が働いていると書かれています。

②「夜ふかし」をせずに「早めに」ねることが大切だとあります。ここから「早め」を答えましょう。

9 しを　読む①　23ページ

1
① うちゅうの目
② うちゅう

かんがえかた

1 ①「ようだ」は何かをたとえるときに使う言葉です。
②「いちばんぼし」は「うちゅうの／目のよう」であり、その「いちばんぼし」が「ぼくを　みて　いる」という部分から考えましょう。

10 せつめい文を　読む①　22ページ

1
① 聞き上手
② 聞くこと

かんがえかた

1 ①「聞き上手」の大切さについて書かれていることをとらえましょう。
②友だちと話をするときには、何に気をつけることが大切なのかを読み取りましょう。

11 きろく文を　読む②　20ページ

1
① 校てい
② 丸まって

かんがえかた

1 ①「校てい」でダンゴムシを見つけ、そのままようすを観察したとあることから考えましょう。
②息をかけると「くるくると丸まって　しまいました」とあります。

12 お話を　読む③　19ページ

1
① しゅくだい
② おばあちゃん

かんがえかた

1 ①二行目に「しゅくだいを　わすれたから」とあります。そのために、なみちゃんは先生に怒られていることがわかります。
②なみちゃんの家が大変なのは、「おばあちゃん」の具合が悪いからであることを読み取りましょう。

5 きろく文を　読む①　27ページ

1
① 十センチ
② ピンク色

かんがえかた

1 ①「十センチほど　のびて　いました」とあります。何がのびていたのかを文章から考えると、「つる」であることがわかります。

②「数日後に、ピンク色の　花が　さきました」という部分から答えましょう。

6 お話を　読む②　26ページ

1
① 二（人）
② いたい

かんがえかた

1 ①この物語には「ぼく」と「まなぶ」の二人が出てきます。

②ほほに伝うまなぶのなみだを見て、まなぶの「ずっと　友だちだよ」という気もちが、「いたいほど」伝わってきたのです。

7 二年生の　かん字③　25ページ

1
くも
し
まる
わ

2
夏
鳥
公園

かんがえかた

1「知らない」の送りがなを「知ない」などとしないように注意しましょう。

2漢字の形は正確に覚えましょう。一つ一つしっかりと確認して、間違って覚えないように気をつけましょう。

8 せいかつ文を　読む　24ページ

1
① きのう・図工
② 上手

かんがえかた

1 ①「友だちの　絵」をかいたのは、「きのうの　図工の　時間」とあります。

②絵をほめてもらえて「うれしかった」のも思ったことですが、どのように「なりたい」のかに注意しましょう。ここでは、「上手」があてはまります。

1 二年生の　かん字①　31ページ

1
きしゃ
い
かず・かぞ

2
雪
南
黄色

かんがえかた

1「数」は送りがなによって読み方が変わります。漢字は送りがなにも注意して答えましょう。

2 はねるところやとめるところも、しっかりと書けるようにしましょう。

2 日記を　読む　30ページ

1
① おにごっこ
② くれる

かんがえかた

1 ①「けんいちくん」が「おにごっこが　したい」と言い、それにみんなが「さんせい」したことから考えましょう。

②「ぼくたち」は、「日が　くれるまで　楽しく　あそびました」とあるので、ここから答えましょう。

3 お話を　読む①　29ページ

1
① ねずみさん
② にもつ

かんがえかた

1 ①この物語に登場するのは、「ありさん」と「ねずみさん」であることをつかみましょう。

②「ありさん」は「こんなに大きな　にもつは　もてないよ」と言っています。ここから、なぜありさんはこまっていたのかを考えましょう。

4 二年生の　かん字②　28ページ

1
いま・かいしゃ
みせ・ひろ

2
線
姉・妹

かんがえかた

1 それぞれ似ている部分に注意しながら、異なる部分をまちがえないように覚えましょう。

2 漢字の中で似た部分があっても、意味や読み方が違うことを理解しましょう。

答《こた》え